我的第一本科学漫画书·绝境生存系列 31

喜马拉雅生存记②

[韩]洪在彻/文　[韩]郑俊圭/图　霞　慧/译

二十一世纪出版社集团
21st Century Publishing Group

序言

世界最高峰——人类永不停歇的挑战

世界上最高的山峰是珠穆朗玛峰，为了能够登上这座雄伟高峰，人类从很早以前就对其发起了挑战。

1907 年，英国成立了阿尔卑斯俱乐部，他们制订了详细的珠穆朗玛峰登顶计划，然而真正靠人类双脚登上珠穆朗玛峰之巅却是在 40 余年之后。1953 年 5 月 29 日，曾是英国探险队一员的埃德蒙·希拉里和夏尔巴人丹增·诺尔盖成为了第一个登顶珠穆朗玛峰的主人公。韩国的高相敦在 1977 年 9 月 15 日登上了珠穆朗玛峰峰顶，并感慨道：“这里是山顶，再无可爬之处。”这句感言曾在韩国风靡一时。可是人类对这种不轻易允许人类侵犯的高峰的挑战，绝不会仅仅止步于珠穆朗玛峰。

世界上最大的山脉——喜马拉雅山脉横穿亚洲南部，海拔 8000 米以上的高峰包括珠穆朗玛峰在内共有 14 座，被称为“喜马拉雅十四座”。对于登山者们来说，征服珠穆朗玛峰并成功登顶所有“喜马拉雅十四座”，是即使倾尽一生也想达成的夙愿。世界上第一个完成此夙愿的人是著名的意大利登山家莱因霍尔德·梅斯纳尔。他从 1970 年开始攀登南迦帕尔巴特峰，1986 年洛子峰的成功登顶拉开了他登顶之旅的序幕。梅斯纳尔曾说，尽管经历了无数次的失败，但从未想过放弃，因为挑战的目的不是为了征服山峰，而是为了战胜自我。

经常登山的话，难免会面临诸多危险，如：像刀劈斧砍一般陡直的冰崖、不知何时会突然出现的冰缝、瞬间席卷而来直取性命的雪崩等等。尽管如此，如今还是有很多的登山者义无反顾地迈向这些临近天空的山峰，那是因为每每克服恐惧之后，便能尽情享受大自然的庄严和神秘。他们还说，每当排除万难，摆脱困境，可以尽情拥抱大自然的时候，那种成就感妙不可言。

《喜马拉雅生存记》中的主人公们虽然因意外遇险而陷入到困境之中，但他们用勇气、智慧以及克服逆境的意志最终战胜了困难。对于路易和柳珍来说，珠穆朗玛峰绝对不是噩梦，而是经过时间沉淀创造出的巨大而庄重的大自然的艺术品。亲爱的小朋友们，读完这本书之后，想不想一起去攀登有“世界屋脊”之称的喜马拉雅山呢？

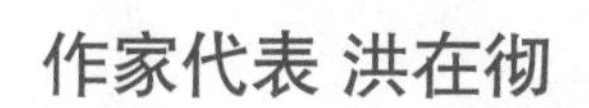
作家代表 洪在彻

目录

❄登场人物

“吃的东西全放我包里就行，我会看好它们的。”

路易

尽管因直升机意外坠落被困于喜马拉雅山中，但并不气馁，而是以一种积极的态度面对困难。只是他很贪吃，而且爱随意放屁，因此经常受到大家的数落。

优点：天不怕地不怕。

缺点：爱出风头，所以总是惹祸。

“只要相信并跟随我这喜马拉雅的豹猫，就没什么可担心的。”

叔叔

虽然自称是“喜马拉雅的豹猫”，但一行人谁都不这么认为。属于爱吹牛、爱逞强的类型，但会在重要关头，不顾自己的性命保护路易和柳珍安全下山。

优点：能用冷静而透彻的判断力和行动克服危机。

缺点：为了讨好库玛丽，常做些有失体面的事情。

柳珍

“反正路易瞎咋呼的功夫天下无敌。”

遇险后，即使饥寒交迫也依然坚信可以获救。虽然常与路易拌嘴，但心里比谁都为他着想。

优点：再辛苦也不会丧失勇气。

缺点：体力太差，所以登山时吃了很多苦。

“别担心！救援队马上就会到的。”

库玛丽

作为直升机飞行员的她，认为自己应承担此次遇险的主要责任，因此比任何人都更积极地为安全返回作着努力。出身于夏尔巴族的她比任何人都更加了解喜马拉雅的地形。

优点：为了不使孩子们感到不安，不断地唤醒他们的勇气和生存意志。

缺点：对于叔叔热烈的追求，连 0.01 的在意都没有。

第1章
巨型雪崩
救命啊
啊！
雪中游泳！
轰轰轰轰
这儿太危险，咱们往后退！
好！
哗
哗
哗
哗

轰
哗
哗
哗
哇!

飕
呃!

叔叔，要不要再往后退退?
没事，这儿应该很安全。

落在倾斜面上的雪在阳光的直射下融化，到了晚上，这些融化的积雪便会冻结。
雪一直下
一直堆积
积雪
冻结的雪
倾斜面
冻结的雪上会继续积雪，当积雪累积到一定重量时会突然滑落，这就是雪崩。
冻结的雪
新积的雪
倾斜面
呃！
雪崩的最大速度可以达到 110 千米 / 时，因此如果身在危险区域内，几乎是不可能逃脱的。
情况怎么样?
飕
飕
飕
呃啊！

雪太大什么都看不见。
我们不会有事吧？
飕
轰
隆
隆
啊，地
在抖！
这儿很安全！
别担心！
没想到雪崩
这么可怕。
抓住
没事吧？
雪崩无法预
测，而且加速
度和破坏力也
相当惊人。
呃啊！
不行，还是
先回雪洞吧！

轰
轰
看来雪崩还在继续呢。
这样下去会塌吧?
说到底还是信不过叔叔。
你再说一遍试试?

快停了。攀登喜马拉雅山时，雪崩事故最可怕。我告诉你们怎样应付。

就使劲儿游泳往雪崩以外的地方跑呗!
噗啊
啪
是男人就蛙泳！
扑腾
扑腾
扑腾
扑腾
仰泳!
狗刨儿!

像话吗?在雪里怎么游泳?
啊!!
嚓

路易说的没错。
真的?
倒
呃!

叔叔，你刚才怎么说的？不像话？
笃
笃
呜呜！

如果被卷进雪崩，要尽最大的努力使身体不要被雪埋住，在雪上做游泳的姿势。
啊噗！
啊噗！

为了能尽快获救，要尽量往雪崩的边缘地带移动。
吭哧

姐姐，如果被埋在雪里面怎么办？

因雪崩死亡的人有80%是窒息而死，所以在雪里空气的含氧量决定生死。
呼哧
呼哧

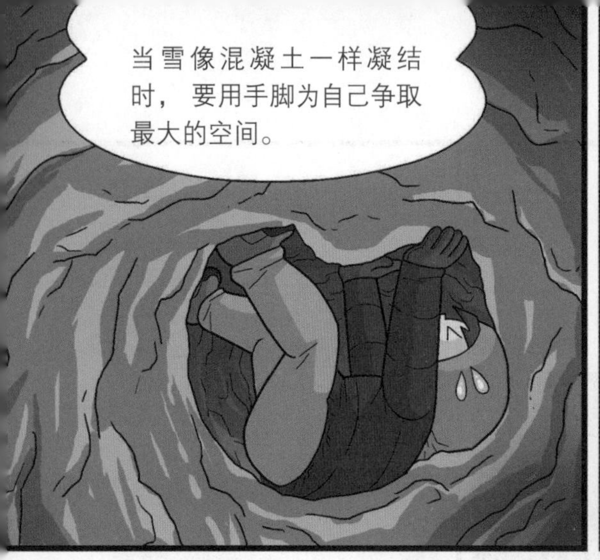
当雪像混凝土一样凝结时，要用手脚为自己争取最大的空间。

困在雪里面很容易失去方向感，所以一定要团个雪球或找一个其他物件，让其自然落下以确认上下方向。
笃
我以为我面朝上呢！

然后向上举起长棍或颜色鲜艳的衣服，以告知救援队自己的位置。这也不行的话要刨雪往外爬。
在那儿！

唰
还有！要沉着冷静！当一个人感到恐惧时，容易手忙脚乱，这样会加快消耗氧气的速度。

还有一点要切记，如果埋在雪里超过35分钟，那么生存的概率就不足30%。

果然是库玛丽姐姐。
简直是百事通。
牛！牛！牛！
喂，你们在听我说话吗？
嗖

那边发生了雪崩。幸好是在对面的山上。

多亏我有先见之明!

多亏你?
猛地

做雪洞可是我的主意!你就只会用我的内裤闯祸!
我只是想做求救旗而已。
眼镜蛇缠身固定
哎呀呀
嘎嘣嘣
扑腾
扑腾

再说做雪洞时我也铲了很多雪啊!
撕
扯
呃啊
孩子、大人一个样!

呼呜呜呜
得赶快挖完雪洞！

算了，没时间了，而且石油炉也只有一个，我们把挖好的雪洞扩大，一起用吧。
可以吗？

那样，就能跟库玛丽并肩……
他心里打什么算盘全写脸上了。
飘
飘

噗哗哗
是雪崩！
啪
声音好近！难道这是……
得赶快离开这儿！
噗嘣
叔叔，我的屁吓着你了？
呼啦
呼啦
呼啦
泳技不错嘛！为了自己能活还真是用尽全力啊！
嚓嚓
那，那是本能反应……
叔叔是个胆小鬼！

危险的白色恐怖·雪崩

在大雪覆盖的山中可能遇到的最恐怖的危险就是雪崩。雪崩指的是在斜面上的积雪因不能承受自身的重量，从斜面上一泻而下的现象。据说在喜马拉雅山脉，每年因雪崩而丧生的人有数十名，而在瑞士的阿尔卑斯山脉，每年的死亡人数多达上百名。

雪崩发生的原因和条件

引发雪崩的原因很多，但主要还是因为积雪受到重力、压力及升温等因素的影响发生崩塌或滑落所致。雪下得越大，堆积速度越快，发生雪崩的可能性也就越高。发生雪崩的地方大都是倾斜度约35～45度的斜坡，所以如果身处在山的下风处，突出得像屋檐模样的地方或者巨大的倾斜面时，必须要注意雪崩。发生雪崩的地区再次发生雪崩的可能性很高，因此最好提前了解一下这些地区的信息。

雪崩的种类

根据雪崩发生时的规模可以分为“点发生雪崩”和“面发生雪崩”，根据雪崩的崩塌范围可以分为“表层雪崩”和“全层雪崩”，根据积雪的湿度可以分为“干雪雪崩”和“湿雪雪崩”，根据雪崩的形态可以分为“烟气型雪崩”、“波浪型雪崩”和“复合型雪崩”等。

©Kapu

雪崩 登山者攀登雪山时的最大威胁，每年都有许多登山家因雪崩而丧生。

雪崩的应对要领

如果是小规模雪崩，雪堆下落的速度为20千米/时左右，如果是大规模雪崩，速度可能会超过100千米/时，因此发生雪崩时，身体一定要迅速移动。一般来说，埋在雪里15分钟左右的话，生存的概率会急速下降，超过35分钟，约有30%的存活率，超过2小时，存活率几乎为0。能否生存下来主要取决于为自己争取了多少可以呼吸的空间。

突发雪崩时

为了能尽快移动到雪崩以外的区域，登山者最好扔掉所有装备保持身体轻盈。逃脱雪崩区域最好的方法是仰泳。脖子要伸长不要让头被雪埋没，脚要埋在雪里，只有这样才能防止被吞没、冲走。

被雪掩埋时

如果被雪掩埋，首先要避免昏迷。因为雪崩而丧生者中约有三分之一的人是在被埋时由于受到撞击而昏迷，最终导致窒息而亡的。如果被雪吞没，应蜷缩身体，胳膊摆成X型护住脸部，为自己留出充分的呼吸空间。如果不护住脸部，雪可能会堵住鼻子和嘴。此外，确认哪里是上方哪里是下方也十分重要。团个雪球，让其自然落下，或者让口水自然流出，看其落下的方向就可以辨别上下了。如果被雪埋得不深，胳膊向上抬起便能爬出去；如果有杆子之类的工具，向上推举以告知别人自己的位置；如果自己实在无法逃出去，也不要惊慌失措，尽量节约体能，因为太激动或太恐惧的话，会加快氧气消耗的速度，导致呼吸困难。

第2章
温暖的雪洞
雪洞这么暖和，是不是因为下面有火山？
说什么屁话呢！
咕嘟
咕嘟
呼噜
呼噜噜
啊
头一次觉得喝杯热水也能这么感动！

啊，身体终于
暖过来了。

笃

吧嗒
呃！

啊，真是的！
怎么只往我
脸上滴？
甩
甩
甩
溅得哪儿都
是，臭小子！

那你跟我换
换位置！
凭什么？
谁叫你坐
那儿了？

谁让你把洞顶
做这么低？你
当然得负责！
胡说！
你意思是说我
故意偷懒喽？
那为什么
不做高点
儿？还不是
为了省事？

洞顶太高的话，热效率会降低，崩塌的可能性也会增大。
热空气上升，雪融化很正常。
洞顶
热空气
热空气
床铺
冷空气
地面
在床铺下面挖地面，就是利用冷空气下降的对流现象。

现在可以关火了。
笃

姐姐，知道你想节省燃料，但再让水开几分钟吧?

别担心，没有火，也能升高雪洞的温度。
怎么做?
变魔术?

唰

哗啦
嚓
姐姐你干什么?
塌之前得赶紧跑!
别太过了!这么点儿水马上就结冰。
结冰时释放的凝固热反而可以提升雪洞里的温度。
知道得很多嘛!
凝固热是指水结冰时释放的热吗?
液体
溶解热
凝固热
固体
嗯。是气体或液体变成固体时释放出的热量，反过来冰在融化时需要的热量叫作溶解热。

能想到用水结冰的方法来提高温度，姐姐真是天才。
这可不是我想的，是发明雪屋的爱斯基摩人的智慧。

能活用他们的智慧也很了不起！如果没有姐姐，只跟叔叔在一起的话，我们肯定早就冻死了。
毫无疑问。

我的位子上也得撒些，因为我很金贵！
越多越好吧？
扑通
哗
哗

叔叔，对不起！
我不是故意的。
你这家伙……
滚出去！马上！
其实……
雪屋之所以暖和，比起热气或凝固热，更重要的是因为雪的隔热效果。
冰冷的雪也能隔热？
这个我来解释。

雪虽然看起来就这样团在一起……
咯吱……
但用显微镜看的话，是由六角形的薄结晶相互连接而成的。

结晶与结晶间有许多空间，空气进入这些空间，就像泡沫一样，有了隔热效果。
空气
空气
空气
空气
空气

因此不管多冷，雪屋里的温度总不会低于零下四度。有取暖设施的雪屋，即使外面零下四十度，室内温度也能保持二十五度左右。
飕
雪屋里没事儿~

叔叔，求你了……

哼！

已经 15 分钟了，饶了他吧！
就是，得了重感冒怎么办？
对哦。

路易，冷吧？
快进来！
飕飕飕
硬邦邦
呃呃……

深刻反省了吗？
是的，
叔叔。

啪嗒
啪嗒
哭了？

我做得太
过分了？
我说基柱，你太
让人寒心了！
啊哈哈，嫂子，
你误会了……
妈妈，差点
儿冻死我。
你怎么当的叔叔……
来，咱俩谈谈！

哎，这点儿小事哭什么？不是你的风格啊。
唰[11]

啊……啊……
汗！

等，等等！ Stop！
喷
哗啦
呃啊！黏糊糊的！
都是你让我得了感冒，你得负全责！
阿嚏！

从液体变成固体·凝固热

凝固热是指物质由液态变为固态时所释放的热量。例如，在水凝结成冰的过程中，水的温度降为0℃就不再下降了，因为此时释放的是水自身内部的能量。爱斯基摩人会在雪屋里洒水以防止室温下降，并且在冬天会给水果、花草浇水以防止它们被冻伤，其实这些都是利用了水在结冰时会释放热量的原理。

从固体变成液体·溶解热

溶解热是指物质由固态变为液态时所吸收的热量。例如，对冰加热，水的温度升到0℃时开始融化，无论再怎么加热，在冰完全融化之前，温度始终维持在0℃，不再升高，这是因为所有的能量都被用来把冰化成水了。固态物质分子与分子间的引力很强，要想变为液体，必须要割断分子间的连接，打乱分子的排列规则，这就需要能量。冰的溶解热为80千卡/千克，也就是说1千克0℃的冰要想化成0℃的水需要80千卡的热量。同种物质的溶解热与凝固热的数值是相同的，不同物质的溶解热和凝固热的数值各不相同，因此这可以说是物质的特有属性。

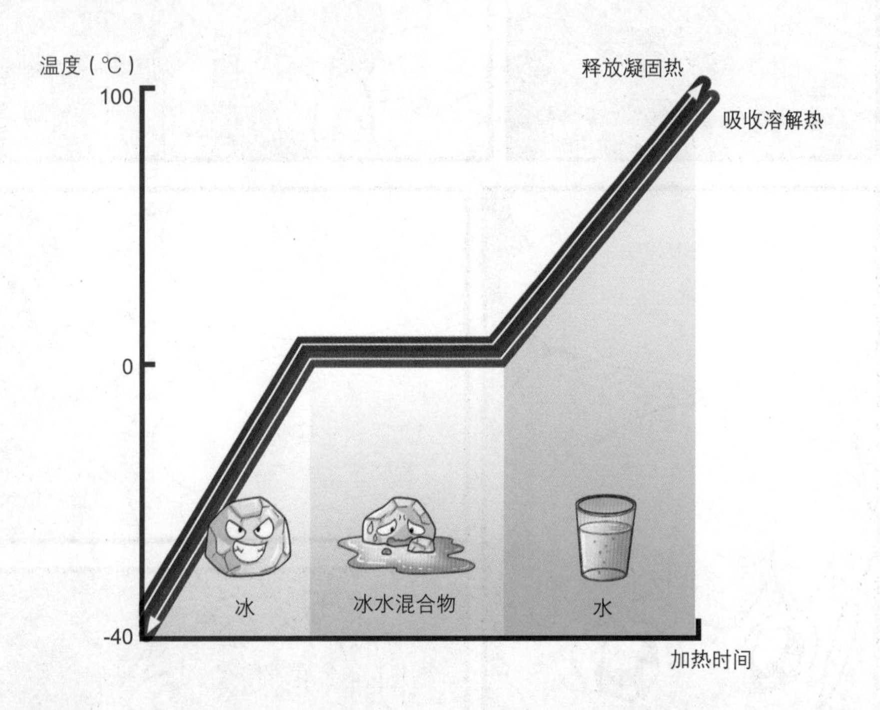

第 3 章 攀岩

下去！累死了！
全新双人攀岩技术诞生！
……
两天后
已经过了三天了，救援队什么时候能来？
柳珍……

现在食物也没剩多少了。

我们就这样死了怎么办？
别哭，一定能活着回去的！

咳咳
咳咳
！

啊……
牛排。
热狗。
包子，
炸鸡腿！
想吃！
现在有糖
水喝就不
错了！
就是喝了一肚子水，
看见没？肚子像
青蛙一样！
你这小子！
咚
烦死了！吃得最多，
还说这话！
噗
呃啊！

啊，柳珍，
外边怎么样？
扑腾
扑腾
看不见！
天晴了。

基柱，你出来一下。

我们现在必须决定到底是等待救援，还是自己下山。柳珍情绪太低落了。
唔……
我也这么想。要走，就要在有食物和体力的时候走。
可是带两个没经验的孩子下山能行吗?装备倒是够用。
试试吧。救援队不知什么时候才来，我们不能干等吧!
什么？下山?
我们自己?
对，食物不多了，不能再等了。
……

往哪儿走？下边被冰缝截断，左右两边是悬崖峭壁。

咱们从后边的山脊走。

之前在山顶看见那边的山脊好像不太陡。

就算这样，路易和我怎么……
别担心！好好地跟着我，一点儿问题也没有。

而且那边是咱们的航线，遇到救援队的概率高。

既然决定了，赶紧打包走吧！
嗖
我这么说，绝不是让你对此事掉以轻心！

下山更危险！何况现在又累又饿，判断能力和运动能力都有所下降。
像随时可能发生的雪崩、落石等灾难自然不用说，
登上山脊后，不知又有怎样的险峻地形和危机在等着咱们。
如果在过冰山壁和雪坡时因为坠落而落单的话，一切都完蛋了。
这都是咱们可能会面临的。
啊……
呱唧
难道说得太夸张了？

不是，我要继续待在这儿，所以得做求救信号。
咔
嗖
怎么？现在就要走？
倒
你这小子，我不是那个意思！
不是什么不是？说了一大堆吓人的话。
叔叔说的是最坏情况，只要好好跟着我俩，保证不会有事。
对，只要相信我这“喜马拉雅的豹猫”就行了。
是小花猫吧？
我就相信库玛丽姐姐。
我也是。
你们这帮家伙！

装备和粮食怎么全摆出来了？
要重新分配一下再走。
途中说不定会有人落单或遗失背包，所以我们每个人要背一样的装备。
可以把吃的全放我包里，我会好好照顾它们的。
少做梦了！
都准备好了吗？
Yes, sir!
出发！

叔叔，干什么呢？
快往上走啊。
安静！我在
找 Route。

Root
（根号√‾）？
这个时候要用
数学公式？
大惊

我是说在找攀登路线！
不懂就老实待着！
当当当当
呃！

登山时，连接出发点到目的地之间的路线叫作 Route。出发前，要先环视探查周边环境，找出适当的路线，否则就会攀登失败或中途遇险。
路线 A
路线 B

越是登山老手就越能找到安全、正确的路线。

这下糟了。
叔叔是新手。
全听见了，这帮家伙……
心里不踏实。

找到了！

好了！
绑登山绳时必须要有安全带。
……
柳珍和路易是新手，所以咱们采取隔时攀登法。
啪
隔时攀登法？
就是先上一个人，隔段时间再上一个人。
是要从这儿上去吗？
这不算很难，别担心。
呜哇，真高！
我先上，你们踩着我的脚印上。
啪

攀岩时必须一只手一只脚，一只手一只脚地移动，四肢中三肢始终要贴在岩石上。
啪
体重不要放在两手上，要均匀地放在两脚上，两只脚越贴住岩石越好。
先确认手脚是不是很稳固，再移动手脚往上爬。
啪
这样的话，不费太大劲儿就能上来。
把登山绳绑在安全带上爬上来。
绑好了！
好，做得很好。
哼咻
嗒

上到这儿就差不多到了。
呃啊，真高！
岩壁上竖着裂开的缝叫“烟囱”。
要是能利用好这些“烟囱”，很容易就能上去。
如果是“窄烟囱”，要像尺蠖一样弓腰伸腿往上爬。
是这样吧？
吭哧！

呼哧！
呼哧！
柳珍，做得好！
柳珍真棒！
呼哧
呼哧

库玛丽，
快上来！
呼味
柳珍，看那儿，
帅吧？
呜哇！
辛苦了！
呼
真壮观！

攀登裂隙的方法·“烟囱”攀登法

登山用语中的“烟囱”指的是人体可以通过的岩壁裂缝。人体勉强可以通过的“烟囱”叫“窄烟囱（squeeze chimney）”，需要用双臂、双腿伸开支撑的“烟囱”叫“宽烟囱（bridge chimney）”。攀登“烟囱”的基本姿势是用背部抵住一边的岩壁，用脚蹬另一边的岩壁向上挪动。“烟囱”的种类不同，攀登的技术也多种多样。

攀登“窄烟囱”时

在“窄烟囱”里人几乎可以站直，所以要先将身体的一部分伸进“窄烟囱”，然后利用身子的摩擦往上爬。这种“烟囱”越往上爬，会越狭窄，因此身体不应嵌入太深，要边向外挪动身体边向上爬。

攀登中等宽度的“烟囱”时

攀登中等宽度的“烟囱”时，登山者要用脚或膝盖顶住一边的岩壁，背部抵住另一边的岩壁，双手推着向上爬。一般来说，身体能够全部进入，内宽约1米的“烟囱”就属于这一类型，这种“烟囱”是最容易攀爬的。

攀登“宽烟囱”时

攀登“宽烟囱”时，登山者要先用左手、左脚和右手、右脚分别抵住两边的岩壁，然后借助手、脚下压的力向上攀爬。这时两边岩壁间的身体像一个“大”字，因此这种姿势和技术叫作“大字式攀登法”。

攀登“宽烟囱”时，四肢要伸展，左手、左脚和右手、右脚要分别抵住两边岩壁向上攀爬。

第 4 章 行走山脊

我第一！
呃啊，救命啊！
不会是从这儿下去吧？
当然不是了，这儿对新手来说太危险。
要找条最不危险的路线。
好怕怕呀！
呃啊，太恐怖了！
得找到最安全最省力的路线才行……
我决不下去！

雪盲症是指由于白雪反射的紫外线引起的角膜炎症。

症状有刺眼、疼痛、流泪，睁不开眼。

紫外线

呃，刺眼！

柳珍，把背包里的滑雪镜拿出来。

咦，怎么全是吃的？

到那儿去的山脊两
边全是悬崖，滑下
去怎么办？
所以我们所有人
要系同一根登山绳，
结组式移动。

结组式？
就是登山或攀岩
时，为了防止坠
落，几个人绑在
同一根登山绳上
一起移动的方式。

结组式移动只有
相互间充分信赖
才能做到。

可是，就走这
几步，用得着
这样吗？
不要小看雪山。
看起来容易，
走起来可不是
闹着玩儿的。

到那儿，跑
着就去了。
我晕！
这小子真是天
不怕地不怕！

路易，那么你来
做 russell 吧？
包在我
身上！
OK，出发！
嘿嘿！
?
小孩子干得了
russell 吗？
姐姐，什么叫
russell？
就是领攀人做的
清雪开路等
工作。
“russell”这个登
山用语来自于扫雪
车公司的名字。

太轻松了！不
过如此嘛……
唰
扑哧
吧唧！
这叫什么事啊？
呸呸
拔都拔不
出来了！
不是说跑着去吗？
怎么改爬着了？
开路可是个体力活。在过膝
的雪地里行走要比平常多消
耗两三倍的体力和
时间。
嘤……
完全没
力！
所以都是轮
流做的。
啊！

我先来领头！
不用，对“喜马拉雅的豹猫”来说，这就是散步。
跟着我开的路走就行！
开路时，先用从脚到膝盖的力把雪掀起，再用大腿推到一边。
啪
借助冰镐和膝盖使身体前倾的话，会比较容易前进。
这时要减小步幅和动作幅度，分配好体力。
噗
光清雪就够费劲了，为什么还要用冰镐?
是要摸着石头过河。

飕
比起刚才的路，现在就像走平地！
这里雪不深，又是下坡，会比较轻松。
飕
飕
飕
飕

噼
里
啪
啦
呃啊！
呃啊！

呜哇啊！
路易！
啪
咔
咻

哗啦
要是再滑出去点儿……
都说了别乱跑！
从下面突然刮来阵大风！谁没事拿命开玩笑啊？
拖拖拖
呜呜呜
真拿你没办法！
是山谷风。
山谷风？
白天，山谷中的空气因阳光直射而升温，并沿着山坡飘上山脊，这就叫谷风。
升温的空气
冷空气
反之，夜晚从山脊吹向山谷的风叫山风。山风和谷风合称为“山谷风”。
升温的空气
冷空气

飕 飕

飕
没想到这么累！
叔叔，咱俩换班吧！

又想摔个狗吃屎吗？
一直跟着你，也学了些要领，况且这里雪也不深。

唔，怎么办好呢？
就让我来试试吧！

慢慢走，注意看前边。
不用担心！

飕飕飕飕
叔叔，前面什么
也看不见！
唰
停！大家都
站在原地
别动！
路易，咱俩再换
回来！这种情况
实在……
唉，走得挺
好的，为什
么……

?
路易一直在向右偏。
那么，难道是……
飕
路易，站
着别动！
为什么？
咔嚓
咔嚓

热力环流

在受阳光直射的环境下，物质的比热（1 克的物质升高 1℃所需热量与 1 毫升水升高 1℃所需热量的比率）不同，受热程度也不同。比热大的，升温慢；比热小的，升温快。像这样产生的同一空间内的受热程度差异叫作受热不均。受热不均导致受热快的地方空气受热膨胀上升，空气量减少而形成低气压；相反，受热慢的地方剩余空气量较多，形成高气压。由于空气有维持均衡的特性，所以总是会从气压高的地方流向气压低的地方，这种空气流动的现象叫作风。受热程度的不同会导致气压的不同，而由于气压不同形成的刮风现象就叫作大气环流或热力环流。热力环流主要表现为山谷风、海陆风和季风等。

一天之中形成于山区地带的风——山谷风

白天，因受到阳光直射，山顶气温会迅速升高，形成低气压，而山谷的气压相对较高。空气是从高气压向低气压流动的，因此风从山谷吹向山顶，形成谷风。相反，到了晚上，山顶气温迅速下降，形成高气压，而山谷则因气温慢慢上升形成低气压，这时的风从山顶吹向山谷，形成山风。

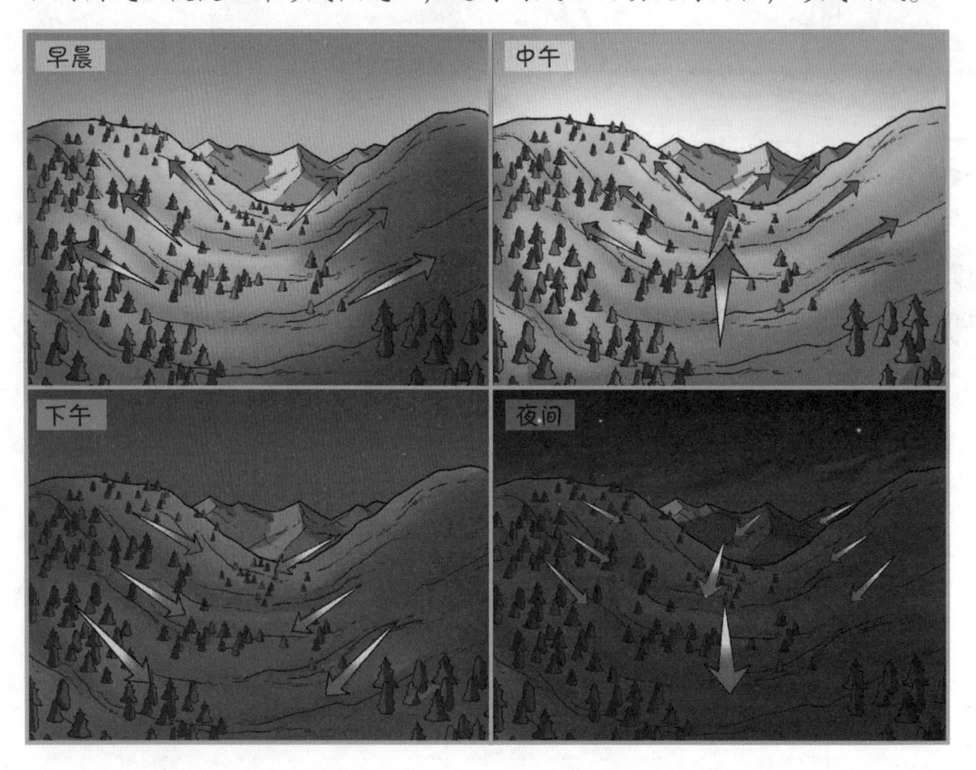

一天之中形成于沿海地区的风—海陆风

白天，比热小的陆地比海洋升温快。陆地气温升高，空气膨胀上升，空气量减少，形成低气压。相较而言，比热大的海洋，因气温上升缓慢，空气量较多，形成高气压。为了补充陆地空气的不足，风从海洋吹向陆地，形成海风。相反，夜间，陆地比海洋冷却快，气温低，形成高气压，这时风从陆地吹向海洋，形成陆风。

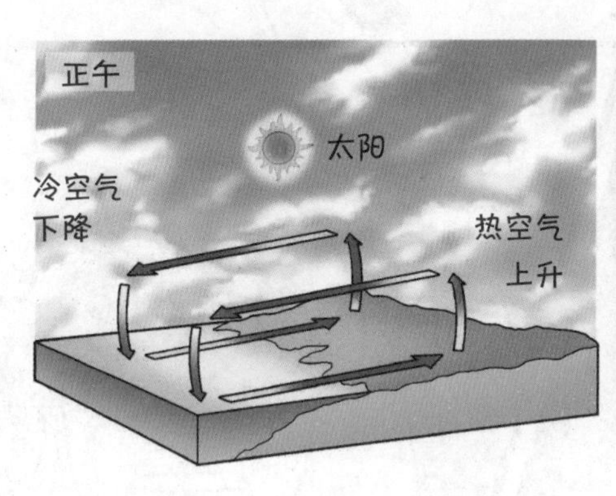

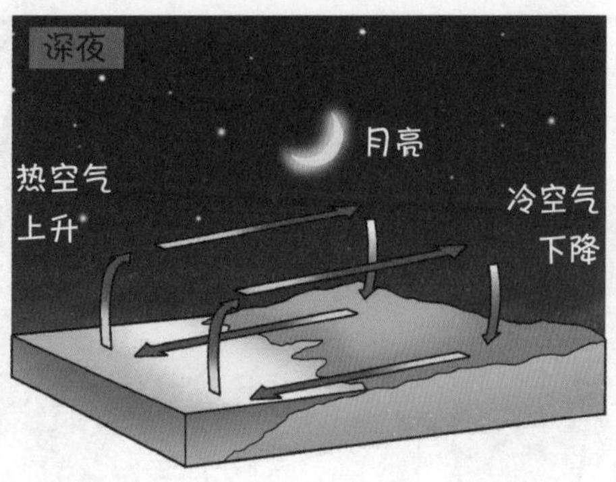

亚洲季风

受阳光直射，大陆升温迅速，但比起大陆，海洋升温缓慢。因此，夏季海洋气压高，风从海洋吹向大陆，形成东南风；冬季大陆气压高，风从大陆吹向海洋，形成西北风。这种现象称为季节风或季风，在包括印度在内的东亚地区比较常见。

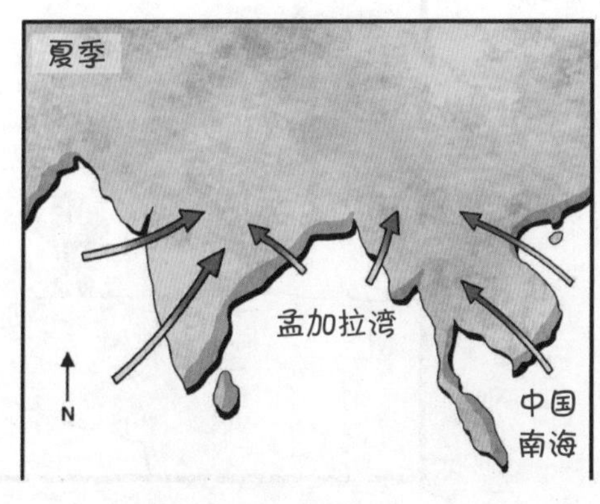

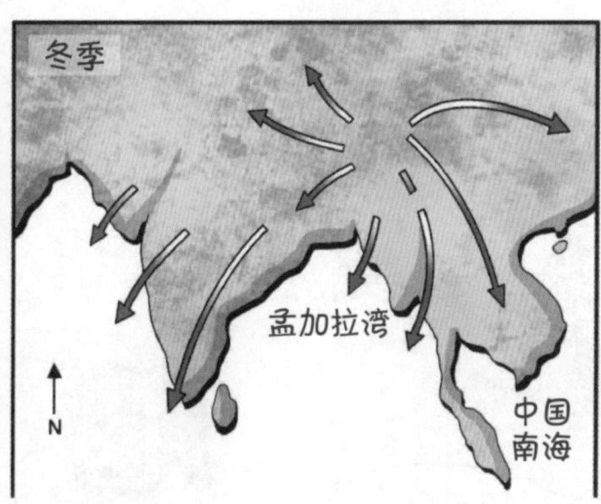

第 5 章
崩塌的雪檐

怎……怎么回事，这是?
怎么突然间裂开了缝?
千万别动!你现在悬在空中。
呃啊啊啊!
姐姐，怎么回事?
路易现在站在雪檐上。
飕
山脊或悬崖边缘会有像屋檐一样突出的地方，雪冻在上面便形成了雪檐。
Help!

轰
咔嚓
可能会突然
崩塌……
叔叔，快
点儿！
唰
别，别慌！
我们绑在
一起呢。
如果不赶紧固定好
的话，我们可能会
一起掉下去。

咔嚓
咔嚓
路易！
啪
用力
抓紧！
啪

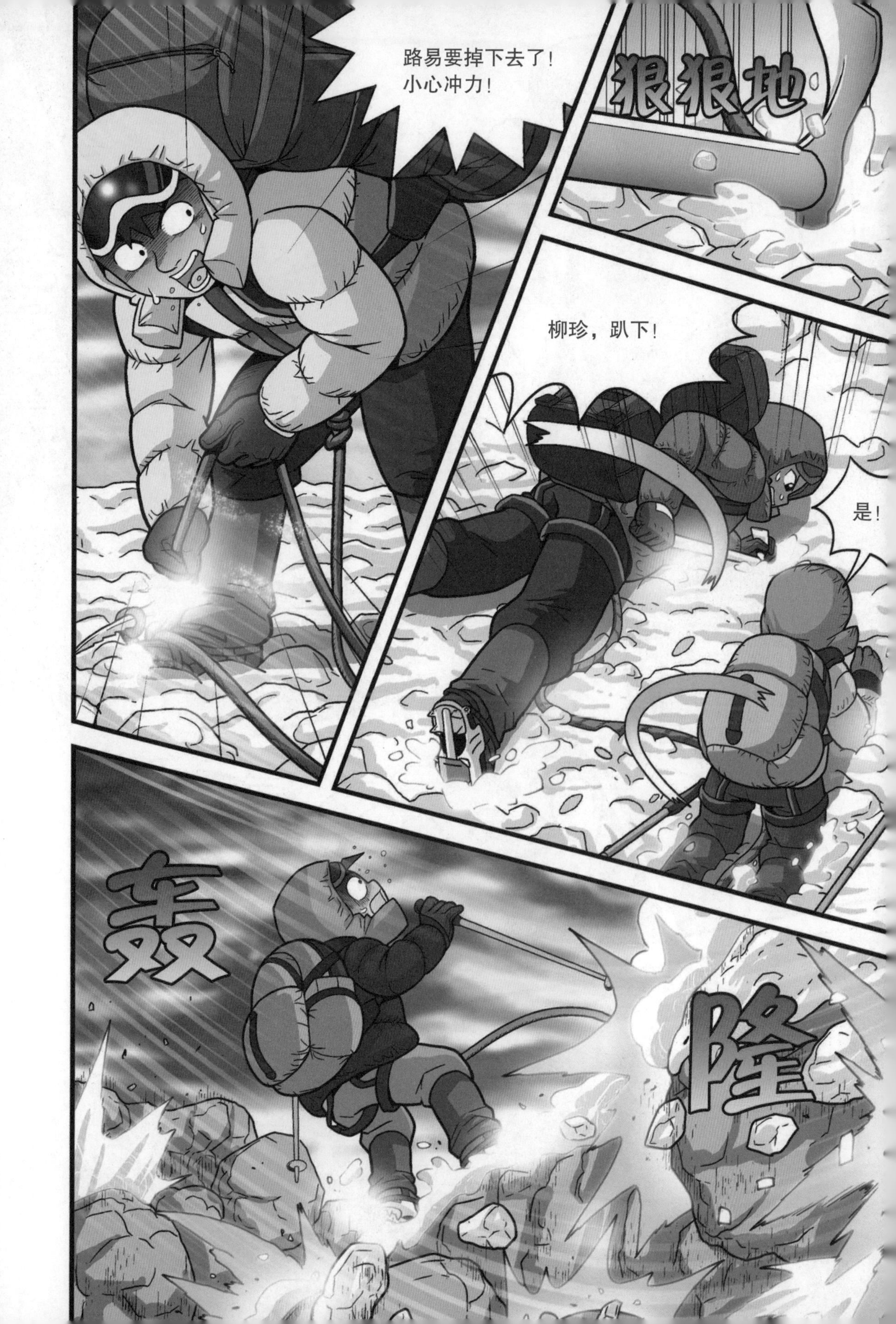
路易要掉下去了！
小心冲力！
狠狠地
柳珍，趴下！
是！
轰
隆

哗
呃啊啊啊啊啊！
勒勒勒
绷紧
啪
啊！
啦
呃！
嚓嚓嚓嚓
嘭
嘭
叮
叮

吱扭
吱扭
吱扭
呃呃！
呃……
路易，没事吧？
在我掉下去之前，赶快救我！
绳子可能会滑脱，你别乱动！
为了能支撑重量，要再钉一个冰镐。
啪

背包也挺重的，这样恐怕拽不上来。
呃！

那就先帮我把绳子固定好吧！
知道了。

嗒
嗒

库玛丽姐姐在这种危机下也那么镇定。
嗒
嗒

固定好了。可以松口气了。
哇！姐姐太棒了！
哎哟，辛苦了！

路易，再坚持一会儿！
叔……叔叔，快点儿！安全带勒得很疼。
用我背包里的滑轮。柳珍，你也帮下忙！
好。
现在差不多了。
呼啦
啪嗒

使劲拉！
嗯！
嗨哟！
缓缓地
嗨哟！
缓缓地
缓缓地
缓缓地
再……再上去点儿。
哇，上去喽！
路易，把登山杖伸过来！
飕
飕
在这儿。
吭

一把

呃啊啊啊！
呃！

嗨哟！

哐当
呃啊！

上来了！
路易！

还好吧？有没有受伤？
我以为只能这样等死呢。
啪嗒

路易！
真了不起！挺过来了！
嘤嘤
路易，吓着了吧？
姐姐，柳珍……太谢谢你们了！

呃啊啊
又塌了！
救命啊！
反应真快。
啪啪啪
快到目的地了，你还要领头吗？
不干！
决不！
No!
No!

引发雪崩的雪檐

雪檐是在山脊或悬崖边缘的下风处形成的像屋檐模样的冻结的雪堆。如果放任不管的话，雪檐会越积越大，直到无法承受自身重量而崩塌，这就可能形成雪崩，因此最好定期对其进行清除。并且形成雪檐的积雪都比较松软，人踩上去很容易塌方，不少攀登喜马拉雅山的登山者都是因为雪檐塌陷坠落而亡，因此有雪檐的地方需要格外加以注意。

倾斜耸立并具有威胁性的雪檐 登雪山时，登山者有可能因为雪檐塌方而坠落，而且雪檐崩塌时也可能会引发大型的雪崩，所以一定要注意。

第 6 章
滑降

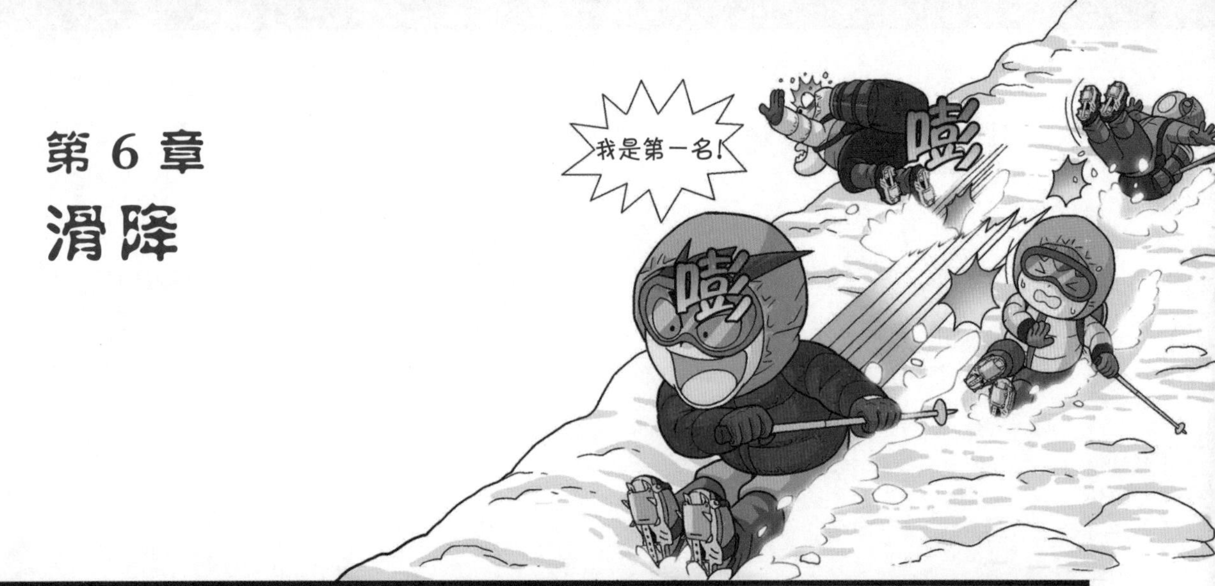

路线比想象中的要好。
这种难度，孩子们应该都能下去。

噗

飕
用蹬雪步法下去就行吧?

蹬雪步法?

是下雪山时最基本的步法。

身子面向正前方，向前迈出的腿与身体尽量保持一条直线，这样才 会更加轻松。
保持这种姿势，并用脚后跟使劲蹬雪下山。
噗
噗

下一个，
路易。
OK！
这就是小
菜一碟。
咳咳
柳珍，没
事吧?
没事！姐姐，
别担心。
飕
飕
柳珍，快下来！

累了吧？歇一
会儿，各自吃
点儿东西。
呜哇，加
餐时间！

Oh yeah，
要吃顿丰盛的。

说是这样说，现实
却只有巧克力……
一块……

要是能把杯面、面
包这样丰盛的东西
当作紧急口粮该多
好啊。
路易，紧急口粮是那种
吃了也许不感觉饱，但
热量高，便于携带的东
西。

不用烹饪，直接能
吃的最好。而且要
易于消化和吸收，
不易变质，能长期
保管。
哇！柳珍
真厉害！
像味道好、热量高的奶酪、
巧克力、肉脯、葡萄干、火
腿等最适合做紧急口粮。

嚯嚯嚯
叔叔，给我一点儿吧！
就不，我自己全吃光。
嗒嗒嗒
基柱，来一下！
好。
咱们最好赶紧走。柳珍很累，而且太阳落山前要找个能过夜的地方。
嗯……
嗷呜！
据说这儿有非常非常凶恶的雪人！
唉……
咱们先下去吧，下面应该能找到休息的地方。
咱俩没事，可距离不近，我担心孩子们下不下得去。
等等……
我想到一个有趣的下山方法。

孩子们，解开你们的冰爪和安全带放回背包里。
啊？
为什么？难道睡这儿？
你当我白痴吗？
他要告诉你们又好玩又快的下山方法。
有那么好的方法？
用滑降的方法下去！
正好斜坡不陡，雪面硬度也刚刚好，那头儿又正好是一片平地，能刹住。
飕

屁股贴着地面，坐着滑下去就行。
唰
用冰镐或适当地扭动身子的话，可以变换方向。
唰
停的时候，直立上身，抬起膝盖后，把脚后跟插进雪里就可以减速了。
唰
最重要的是要保持自身所能承受的速度。
库玛丽姐姐真牛！
简直帅呆了！
我讲的时候能不能专心点儿！
就当是坐滑梯好了。
嗯。

啊！
Oh yeah！
哗
哗
到我了。
我“喜马拉雅的豹猫”可不能业余到用坐式滑降下去。
飕
我来也！
啪

怎么样？
帅吧？
唰
呜哇！
站着滑下
来了！
这就是立式
滑降技术！
基柱！
哼，又一次为
我的能力所折
服了吧？
Yeah！
前面有
石头！

嘭
呃啊！
库玛丽，闪开！
啊！
呃！
嘣
好机会！
晕，叔叔这个时候还亲亲……
亲
嘎
哎哟，真丢脸！
啊，太幸福了！

攀登雪坡时，最基本的姿势是前脚用前脚掌，后脚用后脚跟使劲，这样的话，肌肉不会超负荷运动，人也不会觉得疲惫。基本的登山姿势是将体重放在后腿上。

踢步法（kick step）

踢步法是在上、下或横穿雪山时使用最广泛的攀登技术。登山者要先用登山鞋的鞋尖踢进雪里做一个脚可以蹬踏的地方，再把身体的重量全部集中在这个地方，然后往上登，切记半只脚必须要使劲踢进雪里。如果雪很硬，要用脚多次重复踢雪做出一个完全可以蹬踏的地方才可以踩上去。此时后腿的膝盖要绷直，屈膝和哈腰都不利于踢雪。

便步法（rest step）

便步法主要是在暴雨天登山或攀登雪壁时，登山者为了放松僵硬的肌肉，从而每迈一步就休息一次的方法。始终将体重集中在后腿，前腿放松休息。使用便步法时要有意识地一步一休息，迈腿的时候吸气，休息的时候呼气。

下雪山的技术

蹬雪步法（plunge step）

蹬雪步法是指在陡坡或硬雪上，用脚后跟蹬雪下山的技术。“plunge”是“深插”的意思，就是用脚后跟深插进雪地，用力蹬雪下山。使用蹬雪步法时，登山者的腰要挺直，腿要伸直，用脚后跟用力插入雪中并支撑体重。若是因为害怕滑倒而身体前倾或后仰的话，可能会顺势滚落下去，因此要格外注意。如果坡很陡或者雪很硬的话，需要稍微弯曲身体后才能使用蹬雪步法。

蹬雪步法 踏雪步法的要领是身体要站直，脚后跟插进雪里，蹬雪下山。

滑降（glissading）

滑降是用登山鞋鞋底划开雪坡斜面滑下的技术。滑降包括坐下用臀部为支撑点滑下的坐式滑降（sitting glissading），像滑雪一样站着滑下的立式滑降 (standing glissading)，以及屈膝使用冰镐作为制动装置滑下的蹲式滑降 (crouching glissading) 等。

坐式滑降

立式滑降

蹲式滑降

第 7 章
恐怖的落石

呀嘿
咚
小心落石
嘀！好硬的脑袋！

飕～

基柱，在这附近过夜怎么样？

这么早？太阳还没落山呢。
哎，你难道不知道山里日落早吗？

是，我不知道！你知道原因吗？知道吗？
那，那是因为……

不管是山上还是平地，倾斜度一样的话，太阳起落的时间也一样。但当太阳落在地平线位置时，山先挡住了太阳，所以感觉日落更早。
已经暗了。
还很亮。

安全下山比尽快下山更重要。
姐姐说什么就是什么。
嘿嘿
这小子，看见漂亮女人就软了。
跟某人一样……

还像之前一样挖雪洞吗?
要是有个合适的地方就好了，但是……

那边岩壁下面怎么样?

虽然不能挖雪洞，但有个小帐篷，可以凑合过一晚。
就这么办吧。
我是个小孩子，就歇着了。

你是个强健的小孩子，所以要一起搭帐篷。
拖
拖
老是随便使唤人……

要固定牢了！
知道了。
行了，够
牢固了！
唰
叔叔，你的
脸怎么了？
呜嘿嘿嘿
你还好意
思说别人！
先看看你自
己再说吧。
啪
啊！这是怎
么回事？
这是被紫外
线晒黑了。
紫外线？这
么冷的天也
会被晒黑？

紫外线跟天气完全没关系。在高山上，积雪反射的紫外线反而更强。脸被晒黑也是因为这个原因。
一定要征服顶峰！
攀登喜马拉雅真是苦行之旅呀……

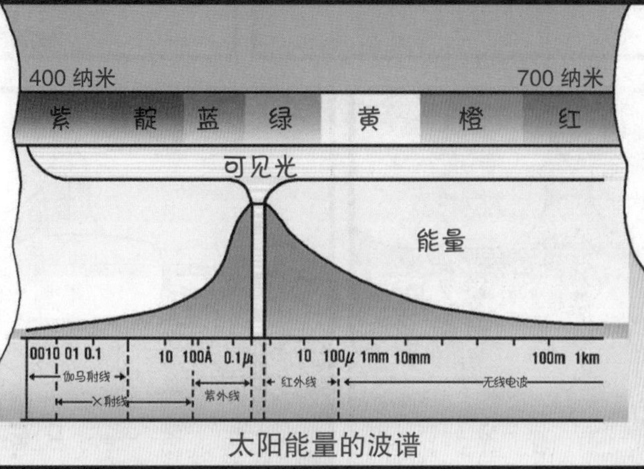
太阳光可分为伽马射线、X射线、紫外线、可见光、红外线和无线电波。其中对皮肤影响最大的就是紫外线。
400 纳米
700 纳米
紫
靛
蓝
绿
黄
橙
红
可见光
能量
伽马射线
X射线
紫外线
红外线
无线电波
紫外线能够穿透云层，即使在阴天，紫外线放射量也相当于晴天的70% ~ 80%。

太阳能量的波谱

咦，柳珍和库玛丽姐姐的脸怎么没事?
嗯?
多亏了库玛丽姐姐的防晒霜。
防晒霜
皮肤是女人的生命。绝不能被紫外线晒伤。
我是高清级皮肤美人。
那我的皮肤就是木柴吗？烧着了也无所谓?
着火

咕嘟
咕嘟

叔叔，煮方便面吗？
煮什么方便面？在烧水呢。

在高山上，只在口渴时喝水是不够的。
又不渴，为什么一直喝水？
我是骆驼体质，不怎么喝水。

所以在高山地带喝4～5升水最好。
因为空气干燥，光呼吸就会失去1～2升的水分，再加上爬山时会大量出汗，有可能出现不觉得口渴但体内水分却损失过多的脱水症状。
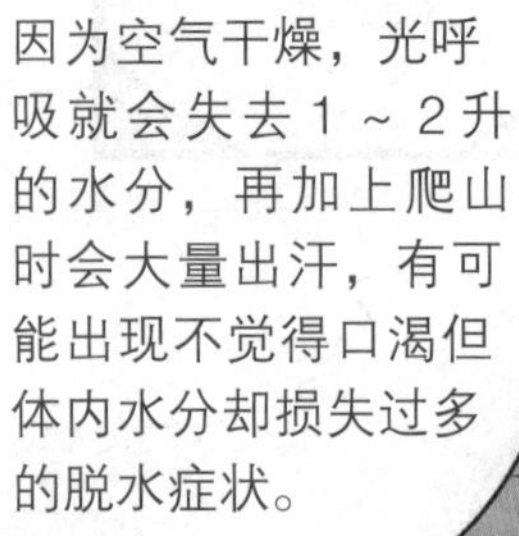
职业登山者都经常喝水。

吧唧
吧唧
甜，好甜。
呲

可是，
这儿太
挤了。
别矫情，
挤在一起
才不冷。

很冷吧？
不过，能在
你身边就好。
其实是希
望这样。

去烧水，喝水也
要填饱啊。
这里情况复杂，
别瞎溜达。

咚
咚

嗯？好像听到了
什么声音。

嘭
路易，别动！
咣
呃啊！
嗒

柳珍，紧贴
住岩壁。

咣
咣

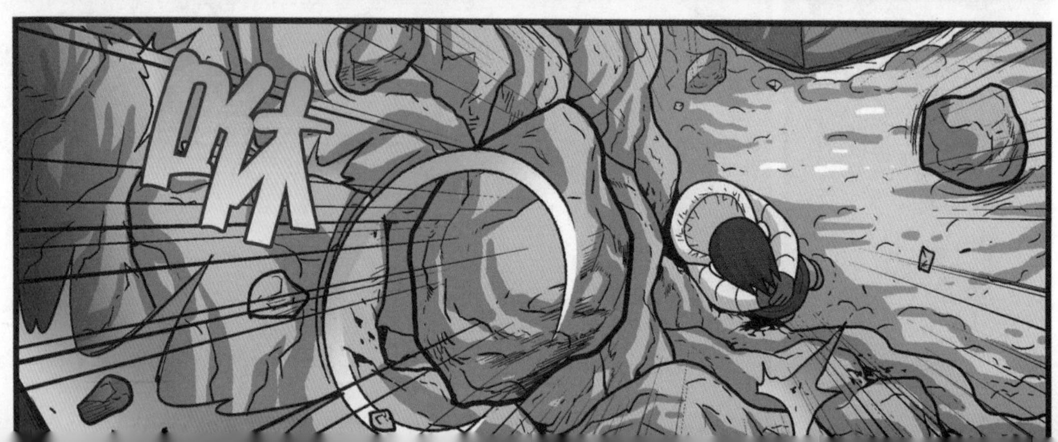
咻

叭
咣
如果落石砸到了别的岩石，
可能会掉下来更多。
在更大的石头
掉下来之前，
赶快进去吧。
我的天！
呃啊～
嘭
咣
嘭
咣
嘭
嘭
用背包保护
好脑袋，紧
贴岩壁！
咣

咚
咚
咻
咣
大惊
啊
如果再往里砸一点儿的话……

落石主要发生在坡度很陡的斜面上。有的因外部冲击造成，也有的因岩缝裂开而自然坠落。

冰

岩石

特别是春天，融化的冰有多大体积，就会形成多大的裂缝。

水

因此在解冻期要格外小心落石，避开有落石标志的地方。

像喜马拉雅这样的高山，早晚温差极大，加上风很大，随时可能会掉下落石。
咣
咣

像刚才，从那么高的地方掉下的落石破坏力极强，要时刻小心。
你不说我也会十分小心的。

连尿都吓出来了。
经常小便也没什么不好。

咳咳
咳咳
柳珍，再喝点儿水吧？
哈……爽！

咕嘟
咕嘟

还好，至少干净的雪是
可以食用的。
咯吱
嗯……这是大
自然酸溜溜的
味道。
哦?
那儿是我刚才尿尿
的地方……
噗
不是叫你去
后面尿吗?
尿急，憋
不住了!

什么是紫外线？

太阳光由伽马射线、X 射线、紫外线、可见光、红外线、无线电波等组成。紫外线是比可见光中波长最短的紫色光还要短的光线，因此被称为紫外线，英文名是 Ultraviolet，简称 UV。紫外线根据波长可分为波长相对较长的紫外线 A（320 ~ 400 纳米），中等波长的紫外线 B（290 ~ 320 纳米）和波长短的紫外线 C（200 ~ 290 纳米）。

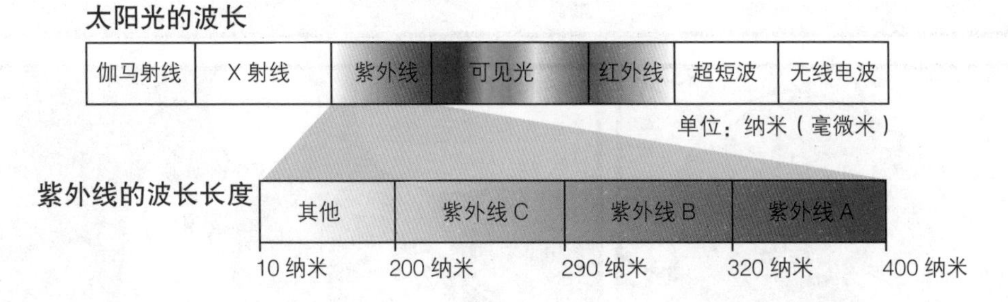

紫外线对人体产生的影响

皮肤　如果暴露在紫外线下几个小时，皮肤会发红，这就是灼伤（sunburn）。此外，紫外线不仅会使皮肤产生黄褐斑、雀斑等色素沉淀，大量的紫外线还会引起水泡等日光灼伤，情况严重的话，会诱发皮肤癌。

类别	紫外线 C	紫外线 B	紫外线 A
强度	强	强	弱
红斑产生时间（小时）	0.5 ~ 1.5 小时	2 ~ 6 小时	4 ~ 6 小时
即时色素沉淀	无	弱	强
导致灼伤	强	强	微弱
对皮肤的影响	到达地面之前被臭氧层吸收	间接晒黑皮肤；引起日光灼伤，皮肤癌	直接晒黑皮肤

眼睛　紫外线 A 可以穿过眼睛的角膜和晶状体，直接射到视网膜，诱发晶状体色素的化学反应，因此会加快白内障的恶化并引起雪盲、日蚀性视网膜炎、角膜营养不良等疾患。紫外线 B 虽然可以被眼角膜吸收，但能量强大的话仍会损伤眼角膜，甚至可能导致灼伤，它也是引发雪盲症的主要原因。

雪地中应小心雪盲症

雪盲症（snow blindness）

雪盲症（snow blindness）是指被积雪反射的阳光中的紫外线A和紫外线B分别穿透视网膜和眼角膜而产生的一种眼疾。与其他类型的地面相比，洁白的雪可以反射大约80%的光线。

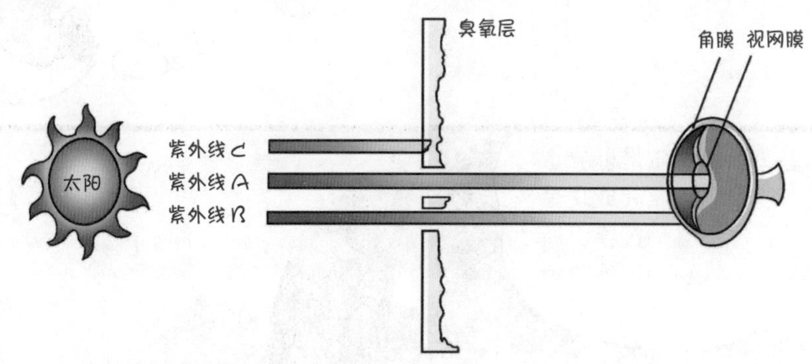

雪盲症的症状与应对

如果旅行者不佩戴墨镜或滑雪镜在雪地里滞留1～2个小时的话，会突然间眼前什么也看不见，然后产生刺痛感和酸痛感，眼睛无法睁开。倘若在雪地滞留时间更长的话，可能会引起头痛或视野倾斜。情况不严重的话，过一会儿就会好，但如果情况严重，就必须积极进行治疗。为了不得雪盲症，大家在雪地里一定要佩戴防紫外线墨镜。

滑雪镜 在雪地里，为了预防雪盲症，旅行者必须佩戴防紫外线的墨镜或滑雪镜。

保护儿童不受紫外线侵害的注意事项

紫外线最强的时期是6月至7月，上午10点到下午3点之间，因此如果在这期间外出活动，应格外注意预防紫外线伤害。

紫外线强的时候，最好戴帽檐大、编织细密的帽子，穿长衣长裤，并且一定要涂抹防晒霜。

紫外线是造成白内障的原因，因此最好佩戴能同时遮挡紫外线A和紫外线B的墨镜。

第 8 章 布洛肯的妖怪

嗷呜！
救命……

莱因霍尔德·梅斯纳尔是世界上第一个没有携带氧气瓶就成功登顶珠峰，并征服了喜马拉雅山所有 14 座 8000 米以上山峰的传奇登山者。

1986 年，徘徊在喜马拉雅某座山上的他目睹了令人难以置信的一幕。

他看见暴风雪中有个身高 2 米，浑身是毛的怪物在雪地里行走。

那就是从 1899 年以来只发现脚印，一直留下谜团的“夜帝”（喜马拉雅山雪人）。

梅斯纳尔虽然没细说，但他在此后十多年的时间里一直在喜马拉雅调查“夜帝”。
登山时见过“夜帝”。至于在哪儿见的，我将在十年后公诸于世。

人类学家推测，“夜帝”正是上世纪 30 年代亚洲各处发现的化石——“巨猿”（Gigantopithecus）的后代。

夏尔巴人和藏族人认为“夜帝”很神圣，因此像信奉神一样信奉它。

我晕，怎么反应这么不冷不热?

叔叔，你现在还相信这种传说？
又不是小孩儿……
什么呀？你怎么一点儿童心都没有？

除了“夜帝”，还有美国的大脚和印尼的红毛猩猩矮人等，世界到处都有像人一样的动物，不能单纯地认为那只是个传说。
咻
咻
咻

而且，最近俄罗斯的地方政府将正式把“夜帝”的存在……
呼噜噜
嗯？

让他们睡吧。
嗯！能坚持到这里已经很了不起了。

我会带你们安全下山的。相信我！孩子们，我爱你们！

一看就知道你想什么。都是为了讨库玛丽姐姐欢心。
呼
嘭
嗷
骗人！
“我爱你”这句取消！
呃呃，冻死了！
咯咯咯咯
越冷尿越多。
哗啦啦
！

轰
！

呃啊啊！
怪物！
霍地
什么？
怪物？
叔叔，快……
快来看！
呃，
真冷。
这小子没
睡醒吧？

在雾气笼罩的山中，太阳光从人的背后射出，影子就被衍射到雾气上。

还真是影子。
别在那出洋相了！
扭扭
扭扭

唉，好馋啊，能吃到撑就好了。
别说梦话了，这是我们最后的口粮。

你说这是最后的?
呃呃

别担心，我们已经从山上下来些了，运气好的话没准儿能碰到救援队。
啪
啪

好，我会加油的。
嗒
啊，我的口粮。

飕
飕
呃啊，这是什
么鬼天气啊?
不太寻常……
也许是暴风
雪刚好经过。
要是今天也能
滑降就好了。
你能那
么乐观，
真好!
叔叔，
Let’s go！
出发!
飕
飕
飕
飕
这时候看来，与
其说他乐观，还
不如说他无知。

糟了！前方越来越看不清了。
飕

叔叔，慢点儿，前边几乎什么都看不见。

难，难道这是……
停下

是“白化天气”！
呃啊
……
啊！我的眼睛！

* **散射**：光线射到凹凸不平的面上向四周发散的现象。

再坚持一会儿，就快过去了。
好。
飕
飕
飕

呃呃，太冷了。
打哆嗦

已经过了两个小时了，什么时候停？

大家都把登山绳系在安全带上，我们结组式移动。

你疯了吗？这样的情况下还要移动？

我们没有选择的余地。继续待在这儿，如果孩子们得了低体温症，那就完了。
飕

径直往前走的话应该不会有事。
可是……

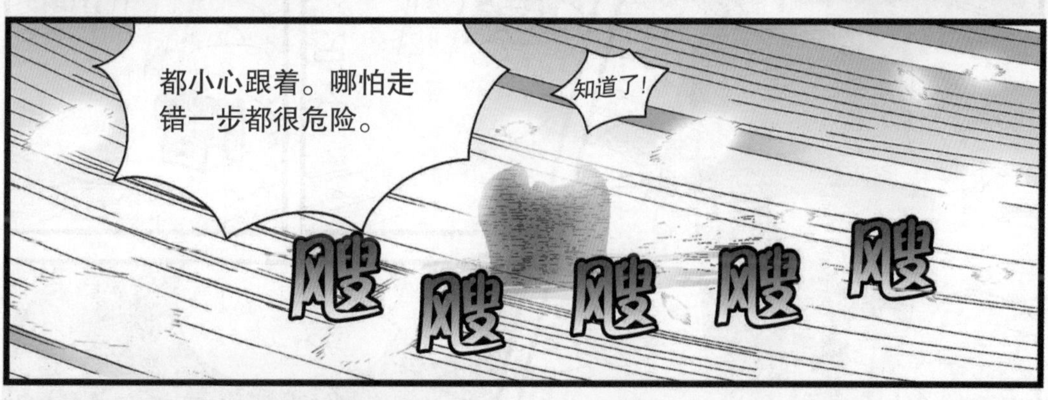
都小心跟着。哪怕走错一步都很危险。
知道了！
飕 飕 飕 飕 飕

飕
飕
飕

飕
幸好能看见那边的山峰。难道是暴风雪小了?
飕飕飕
呼哧 呼哧
噗
噌
!
感觉有点儿不对劲!
这是……
难道?
呼哧
呼哧

轰
这里是雪桥！ 柳珍，
快跑过去！危险！
咣啷
嗒
嗒

轰
哐
哐
哐
呼哧
呼哧
呼哧
呼哧
呃啊

姐姐，我们是从那个塌下去的桥过来的吗?
稍慢一步就出大事了!

叔叔，看见没?雪桥塌了!

叔叔，
怎么了？
都是我的失误！
轰
飕 飕 飕

陆地上最大的灵长类动物·巨猿

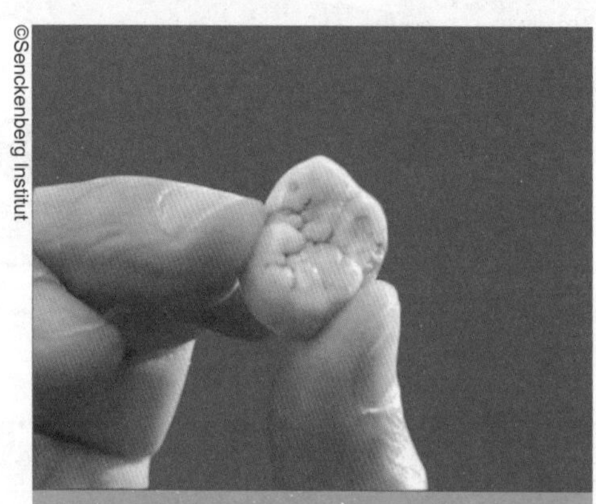

巨猿的臼齿化石 比人类的牙齿大 2 倍以上。

据推测，巨猿是在大约 10 万年前灭绝的灵长类动物。“巨猿”这个学名是由德国的古生物学家柯尼希斯瓦尔德于 1953 年在香港和广东地区发现了属于灵长类动物的臼齿时取的。巨猿的预想身高为 3 ~ 4 米，体重可达到 400 ~ 500 千克，大约出现在 100 万年前，曾在中国、印度、越南等地栖息。据说，巨猿繁衍的时期与直立猿人活跃的时期重叠，并且两者的栖息地也有相当一部分是相同的。

上世纪 60 年代，一位中国学者认为巨猿与早期化石人类——南方古猿类似，是人类的祖先，但他的主张并未得到认可。现在普遍认为巨猿与人类进化系统毫无关系，只是一种已经灭绝的类人猿，但比猩猩更近似于人类。有人认为在雪山深处发现的美国大脚和喜马拉雅“夜帝”等这些未被证实的类人猿可能就是巨猿的后代，但这种说法并未得到证实。

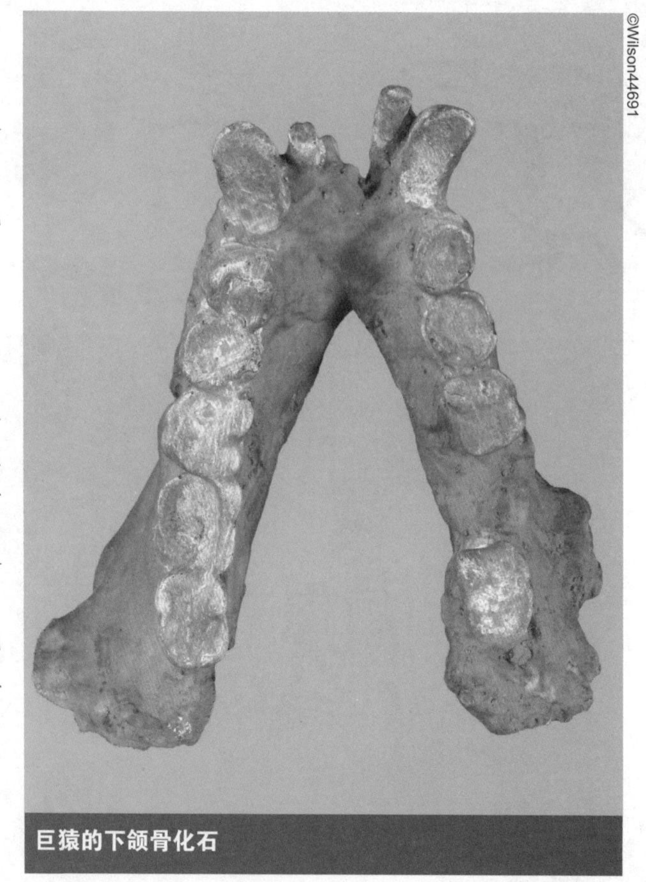

巨猿的下颌骨化石

背着彩虹的黑色怪物·布洛肯的妖怪

布洛肯的妖怪，又被称为布洛肯现象（Brocken spectre），是指当人站在山顶或山脊上时，如果阳光从背后射来，影子会被衍射到雾或云上形成巨大阴影的现象。这时巨型阴影的周围会出现一圈像彩虹一样的光环。这种光环只有一般彩虹的十分之一大，有时会好几层叠加在一起。光环的内环呈蓝色，外环呈红色。之所以被称为“布洛肯现象”，是因为这个现象最初是在德国哈茨山脉的布洛肯山上发现的。

©Kilerus

山顶出现的布洛肯现象 登山者的身影变成了巨大的影子。

第 9 章

岩钉钢环绳降

呃啊，真高啊！
估计比 30 层楼
还高。

姐姐，我们有
办法逃离这里
吗？
柳珍，冷静
点，我来想
想办法。

都怪我，不该在什
么也看不清的情况
下强行移动。

但我们走得很慢
啊，这个山峰是
从哪儿突然冒出
来的？

这是环状运动
现象，俗称“鬼
打墙”。
环状运动
现象？

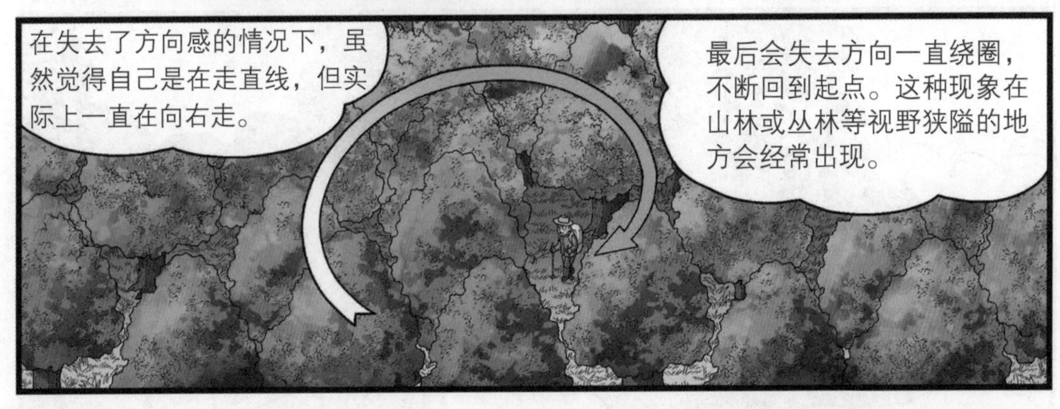
在失去了方向感的情况下，虽
然觉得自己是在走直线，但实
际上一直在向右走。
最后会失去方向一直绕圈，
不断回到起点。这种现象在
山林或丛林等视野狭隘的地
方会经常出现。

反正已经被困在这儿了，先做求救信号吧，好让救援队更容易找到我们。
呼呜呜呜

飕
呃啊！
啊！

呃啊！

风太大，不能乱动！
飕
哦，知道了。
现在都乱成一团了，你就老实待着吧。

库玛丽！

* **平台（terrace）**：在登山中，是指岩壁上突出来的一块可供登山者休息的空地。

* **岩钉钢环（karabiner）**：攀岩时使用的钢环，做固定时可把登山绳从钢环中间穿过从而起到连接作用。

* **绳降（abseilen）**：下山时使用登山绳从岩壁上下去。

当当当，回
答正确！
竞猜王
祝贺
这种事猜对了也
一点儿都不高兴！

我绝对不干！你以为
我是蜘蛛侠吗？
咻
呃呃，
放开我！

别害怕，用岩钉
钢环下去的话很
安全。
还有柳珍呢，你
得表现出点儿男
子汉气概来。

柳珍，别怕，
我来保护你。
打哆嗦
吓成这副德行，
还保护我呢！

路易，鼓起勇气！想
活命就必须下去！

哦。
好……
好凶啊！

＊**欧洲死亡结（European death knot）**：是指绳降时，把两根登山绳连在一起系的结，这样绳子不易卡进岩缝或套在岩石上，而且很容易收回。

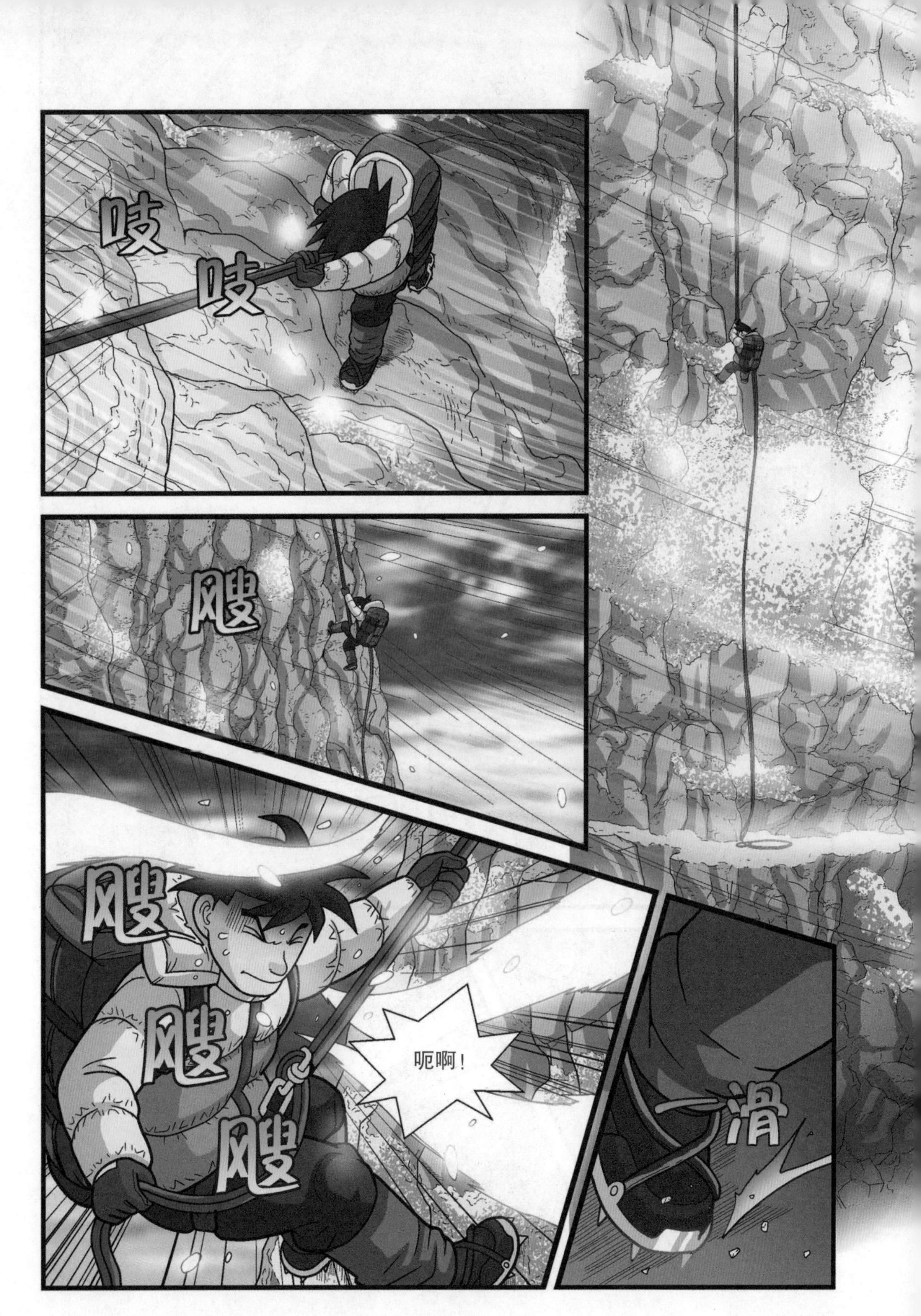
吱
吱
飕
飕
飕
飕
呃啊！
滑

嘭
嘭
嘭
呃啊！
叔叔！
小心啊！
咻
咻

唪
叭

飕

风刮过去了吧?
吱

呃，脸粘在冰壁上了!

呃，呃!

不行，得哈气!
呼
呼

噗
噗

行了！
吱啦

怎么了？出什么事了？
没，没什么。再下去点儿就行了。

终于到了！

看来，这里能比较舒服地休息。

嗒

飕
路易，我会抓紧
绳子的，你放心
下来吧！

路易，
你行的！
加油！
咕咚

好！豁出
去了！

不看下面，只看
岩壁往下降。

呃嘿
飕

做得好，
马上就
到了。
拉紧
行了，
抓住你了！
托住
吭！
摁
嘣
呃啊
无法呼吸了！
你故意
的吧？
叔叔，
sorry！

“鬼打墙”·环状运动现象

环状运动现象是指人失去方向感后一直以一个点为中心反复绕圈的现象。虽然感觉是在走直线，可实际上却一直在不停绕圈。浓雾、暴雨、暴风雪等恶劣天气，以及因极度疲劳引起的思考力下降等都是导致此现象的原因。广阔的平地比险峻的山区更容易发生，半夜登山也极易出现环状运动现象。尤其是在天降暴雪时，周围全是白色，分不出远近，辨不出地形，此时更容易经受环状运动现象的折磨。

倘若出现了环状运动现象，必须停下脚步，反复确认自己的位置和要去的方向。如果天气恶劣，应当先停下来休息，等待天气好转。因环状运动现象而遇险的事件经常发生，所以旅行者应特别注意。

第10章 钟摆式横移

当……当然了！
站着不动腿还抖呢！
快尿裤子了……
哆嗦哆嗦

孩子们，在这里只要一踩空就直接掉下去了。
叔叔，别再吓我了！
挠挠挠

可登山绳系那么紧还能再收回来吗？
没问题。因为把两个绳子系在一起穿过岩钉钢环了。
飕
只要拽一头就很容易收回。

如果收不回登山绳，咱们哪儿都去不了，说不定就死在这儿了。
我是喜马拉雅的幽灵
叔叔，祸从口出啊！
啊！
……

哦？有点儿磨损了。

用来固定的装备足够了。
岩钉钢环也没问题。
左顾右盼

四处全是山。喜马拉雅到底为什么有这么多高山？
你连造山运动都不知道？

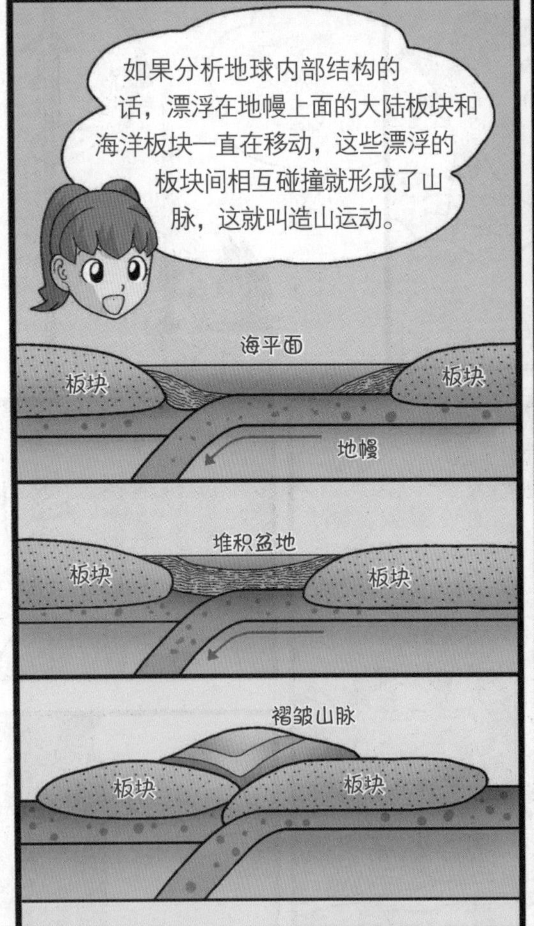
如果分析地球内部结构的话，漂浮在地幔上面的大陆板块和海洋板块一直在移动，这些漂浮的板块间相互碰撞就形成了山脉，这就叫造山运动。
海平面
板块
板块
地幔
堆积盆地
板块
板块
褶皱山脉
板块
板块

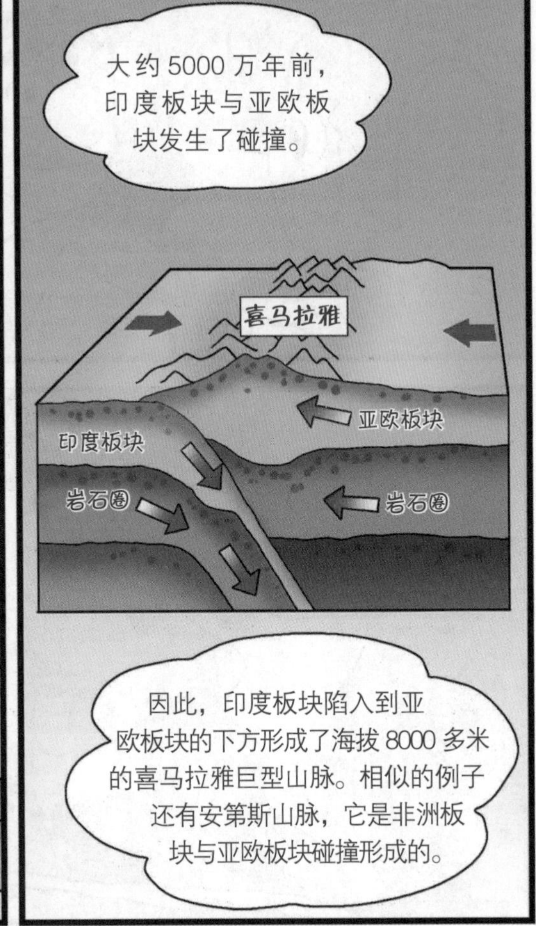
大约 5000 万年前，印度板块与亚欧板块发生了碰撞。
喜马拉雅
亚欧板块
印度板块
岩石圈
岩石圈
因此，印度板块陷入到亚欧板块的下方形成了海拔 8000 多米的喜马拉雅巨型山脉。相似的例子还有安第斯山脉，它是非洲板块与亚欧板块碰撞形成的。

还说害怕呢，这不挺能说嘛！
要不你就别问！

现在还不是放松警惕的时候。
知道了。
大头
柳珍

呃啊！
飕
飕
怎么会这样？下一个平台怎么没在正下方，而在很偏的位置？
这不是强人所难嘛！
哈哈哈
别担心，有我呢！
啊，好害怕！
咱们这回死定了！

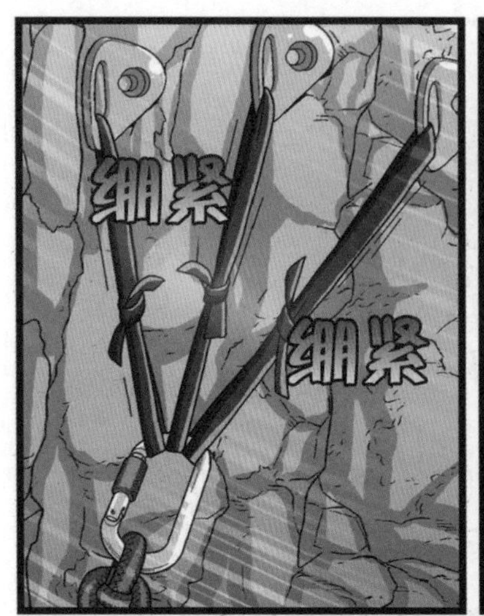
绷紧
绷紧

多加小心！

叔叔，你打算怎么去那个平台？
先下去，然后使用 Pendulum traverse。

“Pendulum”不是“钟摆”的意思吗？
喷……喷什么？

嗯，你们应该在电影中见过。就是攀岩者绑在绳子上，像钟摆一样左右摆动，利用其产生的弹力跳到另一侧的技术。
嗒
嗒
嗒

飕
叔叔，你说
你会这个？
你要是再惹我，
我就把你扔这儿
不管了。
扑哧
瞪一眼
啪
啪
呀……嘿！
嗒
嗒
嗒
嗒

啪
啪
嗖
抓空
啊呀！就差一点儿！
加油，叔叔！
再来一次！
嗒
嗒
嗒

呀呀呀呀呀呀呀呀嘿！
啪
抓住
抓住了！

呼

我抓好了，你们
下来吧！

嘿！
路易，小心！
嗖
嗖
哇，这儿比从上面看上去宽多了，也没那么可怕。
只要再下去 40 米左右就到地面了。
柳珍，不错，就这样！
嗖

嗯?

!

糟了，登山绳
磨损很严重!

有多严重?
嗖

绳子弄不
好会……

啪
啊！
不要啊！

大陆运动的产物·喜马拉雅山脉

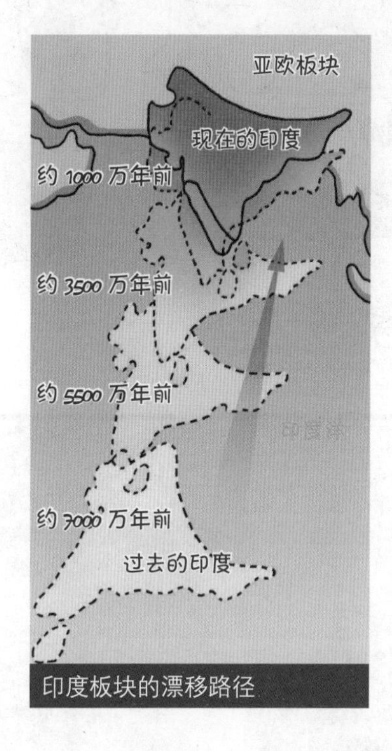

印度板块的漂移路径

印度板块从大约7000万年前起开始漂移，约5000万年前与亚欧板块发生了碰撞。两板块相撞后，深厚的地层受两侧挤压隆起，形成巨大的山脉，这条山脉就是喜马拉雅山脉，而这一系列山脉的形成过程就叫作造山运动。

喜马拉雅山脉中最高的山峰是珠穆朗玛峰，在珠峰海拔8000米之处，有一种黄色的石灰岩层叫“黄带层(Yellow Band)”。印度板块与亚欧板块相撞之前，两个板块之间曾经有一片海叫特提斯海，黄带层就曾是沉淀在特提斯海底的沉积岩。据说这里至今仍然存有许多海洋生物化石有待发现。

直到现在这两个板块仍在进行挤压，据说喜马拉雅山因此平均每年大约升高5厘米。但是山顶同时也在受着侵蚀，所以想要测量山峰实际隆升的高度是十分困难的。

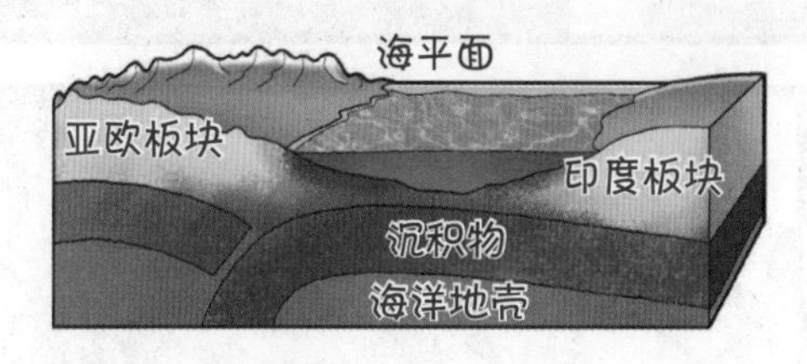

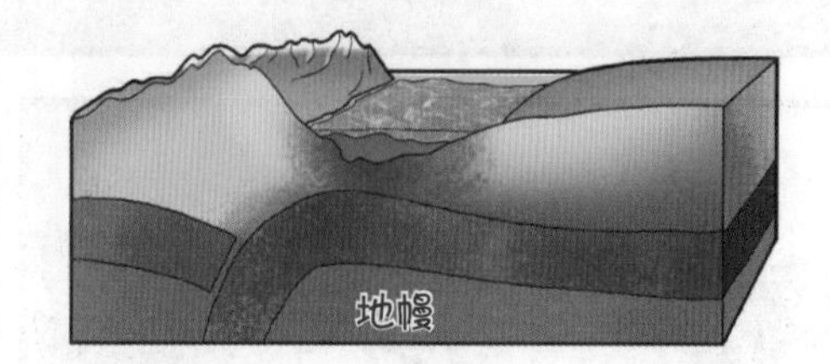

亚欧板块与印度板块相撞形成的喜马拉雅山脉。

第 11 章
峭壁之夜

飕
唰
太阳快落山了。路易，我们先商量一下熬过今夜的对策吧。
这儿这么狭窄，动也动不了，还商量什么对策呀？

现在放弃还太早，没准救援机能发现我们呢。
姐姐，不用安慰我们了，有救援机的话早就到了。
就是！
你们好好给我听着！

我承认我们此刻的境况非常糟糕，而且也觉得很对不住你们。
但就现在的状况而言，与其自暴自弃，不如燃起求生的欲望。你们好好想想吧！

……

叔叔，对不起。实在是因为受打击太大了，所以发了脾气。

没事，现在这种情况就连大人都很难承受，你们已经做得够好了。
对啊，我也百分之百赞同。

叔叔，那我们要准备什么？
首先，为了防止睡觉时坠崖，要先拴些绳子。

刮风最可怕，我们来看一下风速对体感温度的影响。

温度为0℃时

* **岩钉（haken）**：是一种上面带孔的钉子，使用时可钉在岩石上，登山绳穿过钉孔系好即可。

飕
飕
就算冷，这也太冷了吧！
咯
咯
咯
又饿又冷，前途渺茫……简直就是喜马拉雅乞丐。
嘟嘟囔囔
呼啦
呼啦
别发牢骚了！你把太多的能量用在唠叨上了，所以肚子更饿。
他俩就不累吗？

姐姐，我抖得太厉害了，牙齿都疼。
我牙都打架了……
咯
咯

冷的时候身子发抖是为了产生热量。
咯
咯

体表温度下降时，脑垂体会发信号给运动神经，肌肉便开始发抖产生热量。此时肌肉抖动的效率取决于肌肉里储存的能源——糖原的量。
糖原

也就是说热的产生说到底还是取决于食物的摄取量。

呃呃……我体内的燃料已经基本耗尽了。
呵呵呵
咯咯
看你不停地嘟囔，估计还剩不少呢。

飕
飕飕飕

呼啦
呼啦

噼里啪啦

离天亮还有多久?
还早呢，赶紧睡吧。
外面狂风怒吼，一个小时醒一次。
脚冻得冰凉。

又冷又挤，根本睡不着。
我也是。可只有紧贴着才能维持体温，忍忍吧!
哆嗦 哆嗦

呃
叔，叔叔，突然肚子里发信号了!
不行，忍着!

你要敢在睡袋里放屁，就死定了！
呃呃呃

实在忍不住了！
呼
啦

对了，就该这样，屁股撅外面解决吧。
吭~吭
一起去吧？
哎呀，说实话……
什么？我为什么要一起……
我想大便！
倒
晕
屁股怎么擦呀？呜呜……
团个雪球擦！

人体感觉到的温度·体感温度

体感温度是指人体所能感觉到的温度。即使气温相同，在湿度大的环境下，我们的身体会感觉更热一些，而刮风的话，我们的身体则会感觉更冷一些。由此看来，我们的身体受气温、相对湿度以及太阳辐射能等因素的影响。利用这些因素可以得到一些数值化的指数，这些指数可以反映我们身体所能感觉到的冷热程度，其中最具代表性的是冬季的风寒指数和夏季的不适指数。

风寒指数

风寒指数是把风和低气温给人体带来的感觉指数化了。刮风时之所以感觉更冷，是因为风会吹走身体周围的暖空气，吹来冷空气，这样不仅会使身体热量散失，也会使体温维持能力降低。从风寒指数表上可以看到人体热量损失的测定量，并且可以看到，在不同的风速和风中暴露时间下所感到的体感温度和引起冻伤所需的时间，因此在冬天，风寒指数表是非常有用的参考资料。

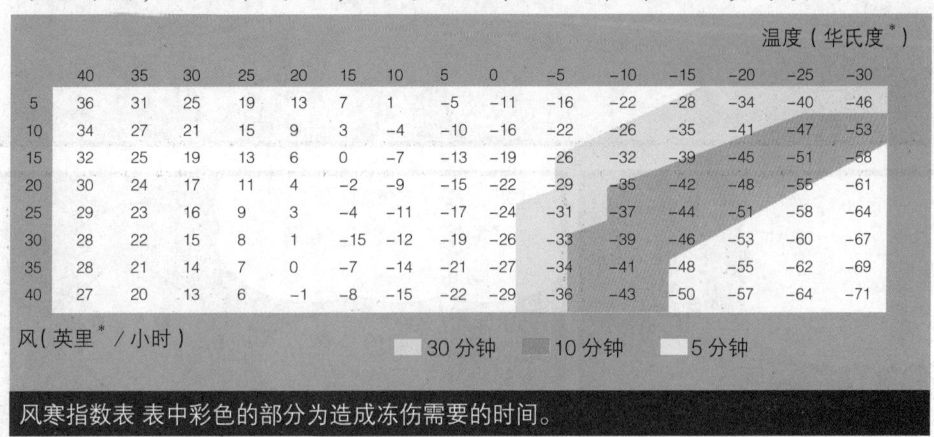

温度（华氏度*）

风（英里*/小时）	40	35	30	25	20	15	10	5	0	−5	−10	−15	−20	−25	−30
5	36	31	25	19	13	7	1	−5	−11	−16	−22	−28	−34	−40	−46
10	34	27	21	15	9	3	−4	−10	−16	−22	−26	−35	−41	−47	−53
15	32	25	19	13	6	0	−7	−13	−19	−26	−32	−39	−45	−51	−58
20	30	24	17	11	4	−2	−9	−15	−22	−29	−35	−42	−48	−55	−61
25	29	23	16	9	3	−4	−11	−17	−24	−31	−37	−44	−51	−58	−64
30	28	22	15	8	1	−15	−12	−19	−26	−33	−39	−46	−53	−60	−67
35	28	21	14	7	0	−7	−14	−21	−27	−34	−41	−48	−55	−62	−69
40	27	20	13	6	−1	−8	−15	−22	−29	−36	−43	−50	−57	−64	−71

30 分钟　10 分钟　5 分钟

风寒指数表 表中彩色的部分为造成冻伤需要的时间。

*1 华氏度≈ −17.22 摄氏度　　*1 英里≈ 1.61 千米

不适指数

不适指数是把湿度和温度给人体带来的不适感指数化了。气温升高，我们的身体会排出汗液以达到降温的目的，但如果湿度较大，汗液蒸发速度就会减慢，因此会感觉更不舒服，不适指数正是基于这种原理产生的。

第 12 章
巨型冰瀑

背包，
救救我们！
一定要抓紧！
啊！

飕

呃……差一点成了冻明太鱼。这是我一生中最糟糕、最漫长的一夜。
哆嗦
哆嗦

姐姐，整个夜晚狂风怒吼，太可怕了。我现在头晕，浑身没劲儿。
柳珍，还好，挺过来了。

睡得好吗?
还好，但我很担心孩子们，在零下 20 多摄氏度的严寒中吃不好，体力也快耗尽了。

只用冰镐不用登山绳很难下去吧?
即便是专业的登山者也不可能做到。

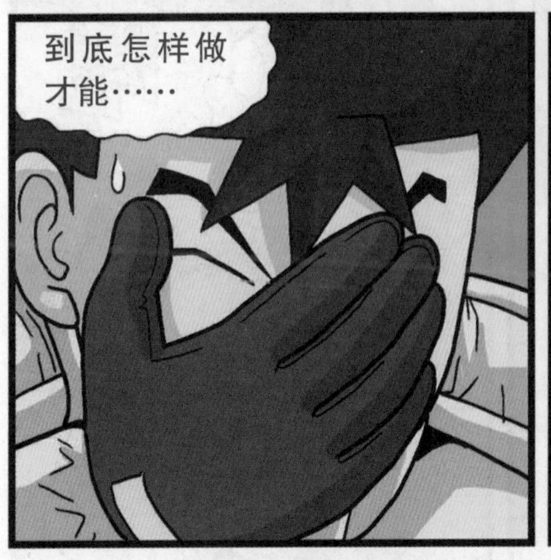
到底怎样做才能……

哆嗦
哆嗦
呃，又冷又饿，坚持不住了。

就算吃雪也要先填饱肚子。
啪

喂，不能吃!

哎呀!
嘎!

这是什么呀？
噗

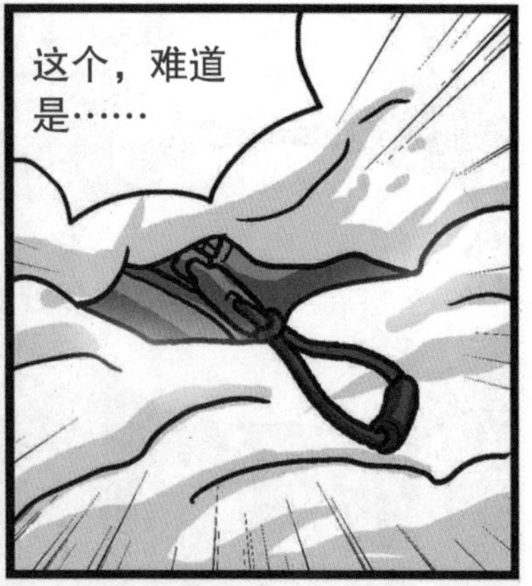
这个，难道是……

一边儿去！
嗷！
嘭

上天保佑……
啪
啪

果然是！
喔
哇！是个背包。

你看！
吃的！
是吃的！

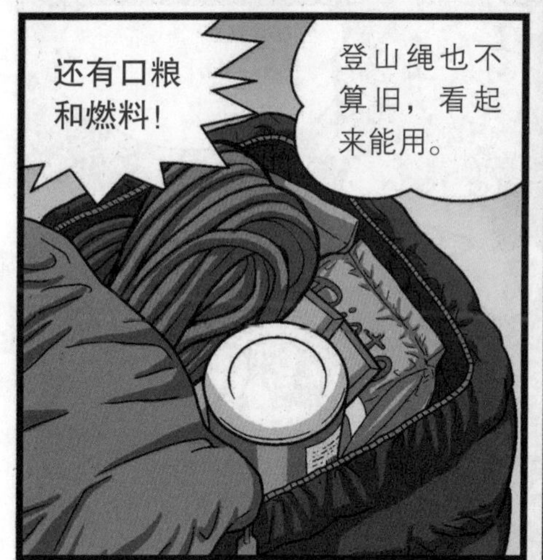
还有口粮
和燃料！
登山绳也不
算旧，看起
来能用。

这下好了，
我们有救了。
老天保佑！
妈妈……

可是，这里
怎么会有个
背包？
以前经常有人在
登山途中扔下些
不需要的装备。
还不赶紧
吃……
咽口水

或者因为天气或意外不得不中途放弃登山时，人们会把装备埋在雪里，然后下山。这个背包就是这样来的。

喜马拉雅山也曾有段时间垃圾问题很严重，因此登山者把自己带来的装备和垃圾自觉带走已经成为了基本常识。

我以前来喜马拉雅时，也曾找到过五个埋在雪中的氧气瓶，那时真是发了一笔！

叔叔……（吧唧吧唧）你不吃吗？
嗖

你们这帮叛徒，让我说话，自己吃？
只能拿一个！
掏

全是我的！
岂有此理！

缓缓地

辛苦了。
万岁！终于下来了！
任务结束！

我真以为我死定了呢。
呜呜
我们真是奇迹般的走运。

背包的主人！谢谢你！
会引发雪崩的，别喊！

现在还不是绝对安全呢，别放松警惕。

前边还有最后的难关在等着咱们。

呼

晕，这是什么
呀？难道要穿
过这里？
这里是 icefall，冰
瀑地区。

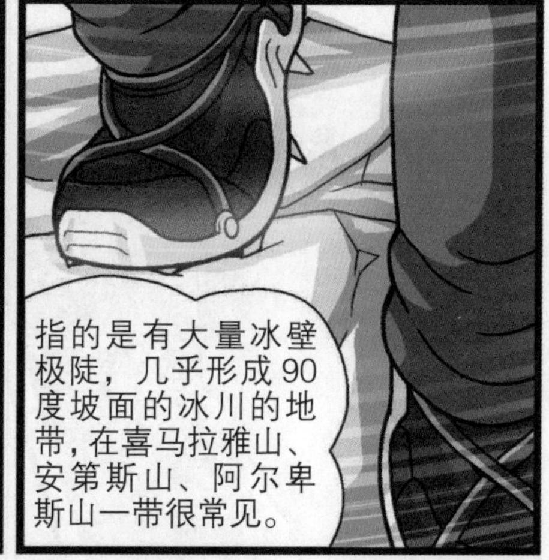
指的是有大量冰壁极陡，几乎形成90度坡面的冰川的地带，在喜马拉雅山、安第斯山、阿尔卑斯山一带很常见。

咱们首先要找一条尽量能走着下山的线路，实在不行的话，再用登山绳下去。

呃啊，讨厌绳降。
别发牢骚了，看好脚下！

因为冰缝裂口上有积雪，所以很不容易察觉。
细小的裂缝
（冰缝）

飕
小心别滑倒，跟好。
好。
扑哧

啊，冰缝！
哗
唧
唧

叔叔！
啪
啪
啪

嗖
咚
呃呃……
无力

喜马拉雅攀岩的拦路虎·冰瀑

冰川岩壁与地面形成近90度，形状如同瀑布，因此被称为冰瀑。冰瀑地带因冰川断裂形成了各种大小不一的冰缝和冰塔（外形像宝塔一样的巨型冰块）等，并且随时都可能塌陷，非常危险。所以登山者在选择路线时要尽量避开冰瀑，倘若无法避开，为以防万一，最好用登山绳固定好或者放置标识旗以便原路返回。不过，因为冰川一直在移动，所以沿着原路返回的可能性非常小。

昆布溪谷的冰瀑地区 这里因冰缝和冰塔众多而恶名远扬，这里也是让登山家最伤脑筋的地方。

第 13 章
安全返回

没有反应。
可能是撞昏了。

那怎么办?
必须下去看看。

你要下去？到那儿？如果连你也出事了怎么办?

这是最好的办法。路易，你也看到了，他现在悬着很危险。

而且冰缝里只有零下二十多度。
失去意识的话是坚持不到 30 分钟的。如果不赶紧采取行动，他会没命的。

为了唤醒他的意识，你们要一直叫他！
好。
姐姐，小心！
缓缓
缓缓
叔叔！
叔叔！
叔叔！
基柱！
基柱，醒醒！

库，库玛丽，你怎么下来了？
太好了，醒过来了。
啊！
滑
别动，危险！
呃……
你能抓着登山绳上去吗？
呃……够呛，右手不听使唤了。
那我背你上去。背包就扔这儿吧。

吱
吱
呃……
呃呃……
呃啊啊啊！
我都使出吃奶的劲儿了，怎么还上不来？
呃！
等等！这是什么声音？

嗒
嗒
嗒
嗒
嗒
看，看那儿！
直升机！
飞走之前要把咱们的位置告诉他们。
救命啊！Help me！
在这儿，拜托一定看这里！

呼哧
呼哧
呼哧
没事吧?
嗒
嗒
嗒
嗒

嗒
嗒
嗒
嗒
嗒

突
发现遇险
者，over!
嗒
嗒
嗒
嗒

路易，柳珍！你们能好好地坚持下来，我真为你们感到骄傲！
这样被救的感觉就像在做梦。
呜呜，我以为我们死定了。
我也是。

下次再来玩的话，我一定带你们看珠峰峰顶。
大惊

不要！绝对 No! 以后我连我家后山也不会去的！
呵呵呵
哈哈哈哈

作家后记

《喜马拉雅生存记》读者见面会

图书在版编目（CIP）数据

喜马拉雅生存记 . 2 /（韩）洪在彻文 ;（韩）郑俊圭图 ; 霍慧译 .
- 南昌 : 二十一世纪出版社 , 2013.7（2020.1 重印）
（我的第一本科学漫画书 · 绝境生存系列）
ISBN 978-7-5391-8951-2

Ⅰ . ①喜… Ⅱ . ①洪… ②郑… ③霍… Ⅲ . ①喜马拉雅山脉 - 探险 - 少儿读物
Ⅳ . ① N83-49

中国版本图书馆 CIP 数据核字 (2013) 第 153980 号

我的第一本科学漫画书
绝境生存系列 · 喜马拉雅生存记② ［韩］洪在彻 / 文 ［韩］郑俊圭 / 图 霍 慧 / 译

出 版 人 刘凯军
责任编辑 李 树
美术编辑 陈思达
出版发行 二十一世纪出版社集团
（江西省南昌市子安路 75 号 330009）
www.21cccc.com cc21@163.com
承 印 江西宏达彩印有限公司
开 本 787mm × 1092mm 1/16
印 张 10.75
版 次 2013 年 8 月第 1 版
印 次 2020 年 1 月第 10 次印刷
书 号 ISBN 978-7-5391-8951-2
定 价 35.00 元